千兆光网
构筑新型基础设施和数字强国底座

贺俊 李伟 江鸿 等◎著

GIGABIT OPTICAL NETWORK
ENHANCING THE FOUNDATION OF DIGITAL INFRASTRUCTURE
TO MAKE CHINA A DIGITAL POWER

U0255087

经济管理出版社
ECONOMY & MANAGEMENT PUBLISHING HOUSE

图书在版编目（CIP）数据

千兆光网：构筑新型基础设施和数字强国底座/贺俊等著 .—北京：经济管理出版社，2022.4（2022.6 重印）

ISBN 978-7-5096-8376-7

Ⅰ.①千…　Ⅱ.①贺…　Ⅲ.①光纤网—研究　Ⅳ.①TN929.11

中国版本图书馆 CIP 数据核字（2022）第 052955 号

组稿编辑：吴　倩
责任编辑：吴　倩
责任印制：黄章平
责任校对：董杉珊

出版发行：经济管理出版社
　　　　　（北京市海淀区北蜂窝 8 号中雅大厦 A 座 11 层　100038）
网　　址：www. E-mp. com. cn
电　　话：（010）51915602
印　　刷：唐山玺诚印务有限公司
经　　销：新华书店
开　　本：720mm×1000mm/16
印　　张：12.75
字　　数：141 千字
版　　次：2022 年 4 月第 1 版　　2022 年 6 月第 2 次印刷
书　　号：ISBN 978-7-5096-8376-7
定　　价：68.00 元

·版权所有　翻印必究·

凡购本社图书，如有印装错误，由本社发行部负责调换。

联系地址：北京市海淀区北蜂窝 8 号中雅大厦 11 层

电话：（010）68022974　　邮编：100038

序　　言

　　每一次科技革命和产业变革的发展，都必然伴随着先导产业、关键资源与基础设施的系统性变革。在当前以数字化、网络化、智能化为核心的新一轮科技革命和产业变革中，新型基础设施的适度超前部署，不仅能构筑经济增长动能、改善民生社会福祉，更重要的是能够通过孵化先进技术和先导产业，助力我国在新一轮科技革命和全球竞争中保持韧性、赢得先机。

　　鉴于新型基础设施的战略重要性，当前，美、欧、日、韩等国家和地区不断加大对新型基础设施的规划和投资力度。近期美国政府签署的《基础设施投资和就业法案》、欧盟提出的"2030 数字罗盘"计划和"全球门户"计划均以破除新型基础设施发展障碍、加大新型基础设施投资规模为目标。当前兴起的全球基础设施投资热潮，不仅是扩大需求、应对新冠肺炎疫情冲击和经济下行压力的短期调控，更是新一轮科技革命和产业变革背景下，各国通过完善新型基础设施加速孵化人工智能、工业互联网、车联网等先进前沿技术，抢占未来科技和产业制高点，形成全球数字基础设施主导权的战略性部署。

　　面对新一轮科技革命和产业变革打开的机会"窗口"，面对不断推向深入的全球科技和产业制高点竞争，我国应更加充分地释放社会主义市场经济体制的制度优势，更好地发挥市场和政府两方面力量，以新型基础设施适度超前建设为引领，以新型基础设施建设与工业化、城市化的协同推进为主线，统筹新型基础设施建设与数字强国和社会主义现代化强国建设的各项任务，将中国的体制优势和大规模市场优势切实转化为产业优势和社会福利，同时为世界工业文明和数字文明做出不可替代的中国贡献。

由通信网络基础设施（千兆光网、5G、物联网、工业互联网、卫星互联网）、新技术基础设施（人工智能、云计算、区块链）和算力基础设施（数据中心、智能计算中心）共同构成的信息基础设施，是新一轮产业变革所依赖的新型基础设施的核心。其中，具有超高带宽、超低时延、超高可靠性的第五代固定网络（The 5th Generation Fixed Networks，F5G），即千兆光网，更是处于基础性地位，是新一轮产业变革中新型基础设施体系的"基础设施"，是孵化和培育下游数字经济产业的"底座"。本书旨在通过全面梳理千兆光网的技术经济特征，剖析千兆光网赋能产业发展、推动经济社会结构性变迁的路径和机理，最终以小见大地折射中国新型基础设施和数字强国建设的脉络和经验。

本书研究成果的形成基于研究团队长期的理论积累和扎实的实地调研，是作者团队精诚协作的结晶。全书写作分工如下：中国社会科学院工业经济研究所贺俊研究员负责全书的研究设计和统稿，中国社会科学院工业经济研究所李伟助理研究员、惠炜助理研究员、庞尧博士后和江鸿副研究员分别负责第一章、第二章、第四章和第五章的撰写，中国社会科学院经济研究所续继助理研究员负责第三章的撰写。

研究团队有关千兆光网和数字强国的研究将以此为起点，不断走向深入，我们敬待各位读者的批评与指正！

贺　俊

2021 年 12 月 10 日

目　　录

第一章　底座：千兆光网引领
新型基础设施建设

当前，以数字化、网络化、智能化为核心的新一轮产业革命加速拓展，全球经济形态加速向数字经济转型，未来国家间竞争也逐渐聚焦到数字经济。中国信息通信研究院 2021 年 8 月发布的《全球数字经济白皮书》显示，2020 年美国数字经济规模达到 13.6 万亿美元，中国数字经济规模则为 5.4 万亿美元，仅次于美国，位居世界第二，数字经济增速 9.6%，位居世界第一。尽管各国数字经济规模都快速增长，但当前全球仍然处于数字经济格局构建和竞争优势形成的初期阶段，这为各国争夺数字经济发展制高点提供了宝贵的时间窗口。在数字经济竞争过程中，支撑数字经济发展的新型基础设施是竞争关键。与传统的工业经济不同，数字经济的核心技术、产业关联、商业模式、组织形态都发生了较大变化，在此背景下，数字经济的基础设施体系也发生了显著变化，千兆光网、5G、人工智能、大数据、区块链等新型基础设施取代公路、铁路、机场、水利、能源等传统基础设施，成为支撑经济社会发展的基础性、战略性、先导性基础设施。

与传统管道型基础设施不同，新型基础设施在技术和经济上高度关联，共同构成"多层"产业生态，形成一体化的新型基础设施体系。其中，具有超高带宽、超低时延、超高可靠性的第五代固定网络（The 5th Generation Fixed Networks，F5G），即千兆光网，更是处于基础性、核心性地位，是新型基础设施的"基础设施"，也是各国新型基础设施竞争的前沿。近年来，欧美等发达国家纷纷强化以千兆光网为代表的信息基础设施战略部署，加快推动信息基础设施的投资建设，以支撑数字经济取得领先优势。例如，美国在 2021 年 11 月推出高达 1000 亿美元的宽带建设投资，全面补齐通信基础设施短板；英国在 2020 年 10 月发布的《国家基础设施战略》（*National Infrastructure Strategy*）中提出，到 2025 年英国要实现千兆网络全覆盖。我国近年来也进一步强化对信息基础设施的建设部署，党中央、国务院多次提出加快推动千兆光网、5G、工业互联网、数据中心、人工智能等新型基础设施建设，2021 年 9 月国务院常务会议审议通过"十四五"新型基础设施建设规划，11 月工业和信息化部发布《"十四五"信息通信行业发展规划》，均明确提出加快千兆光网建设。

本章首先对千兆光网的基本概念和技术特征进行分析；其次在此基础上，探讨千兆光网在新型基础设施体系中的战略地位；最后对国内外千兆光网建设现状以及加快推动千兆光网发展的战略意义分别进行研究。本章认为，千兆光网是新型基础设施的"基础设施"，是数字经济的核心底座，加快推动千兆光网建设不仅可以繁荣数字经济体系、提升经济社会福利，还可以进一步牵引我国在光技术和产业领域全面领先。

第一节 固定通信网络的演进历程及千兆光网概念

一、以传送网和接入网为核心的网络基本架构

在数字经济时代，数据成为一种新的关键生产要素，而数据参与生产活动、创造经济价值、丰富生活娱乐的基本前提是要实现数据的自由流动、存储和应用。网络提供了数据流动、应用的载体，是数字经济的底座，通过网络不仅能够实现人与人之间的数据交流，还能够实现人与物、物与物之间的数据交互，有力支撑经济社会决策和生产活动，促进数据价值的发挥。网络的连接范围广、连接数量多，因此架构也极其复杂。图1-1显示的固定网络架构示意图为了便于理解网络演进历程，将网络简单地分为接入网和传送网，其中接入网是将用户终端连接到城域网或骨干网的网络；传送网又可以分为城域网和骨干网，城域网是一个城市范围内的连接网络，骨干网是连接多个城市和地区之间的网络，由于城域网和骨干网主要承载大颗粒数据业务的传输，所以又可以称为传送网。

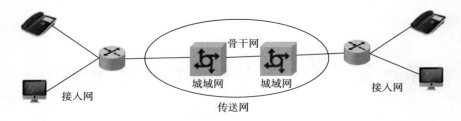

图 1-1　固定网络架构示意图

资料来源：作者绘制。

传送网主要承载数据中心、交换中心之间的通信，对带宽、时延等网络性能要求较高，在网络建设过程中，传送网技术演进较快，目前多采用光纤结构。正因为如此，接入网便成为整个网络体系中的瓶颈，被形象地称为"最后一公里"，所以网络架构的演进和代际划分也多是根据接入网的演进为主要依据和标准的。具体来看，根据接入方式不同，接入网又可以分为无线接入和有线接入两种，前者由于没有物理连接介质的限制，可以灵活移动，所以又称为移动接入，主要包括 5G、卫星通信等；后者往往采用铜线（普通电话线）接入、光纤接入、光纤同轴电缆（有线电视电缆）混合接入等固定线路连接，所以又称为固定接入。从发展历史来看，自 1876 年贝尔发明电话以后，固定网络就已经诞生，至今已经有一个多世纪的历史。在这一个多世纪中，固定网络的介质、技术以及网络特性都发生了翻天覆地的变化：从连接介质来看，固定网络接入介质先后使用了铜线、光纤同轴电缆、光纤；从业务类型来看，早期的固定网络主要承载语音通话业务（即电话网络），如今的固定网络主要是以互联网为核心的数据通信业务（即互联网网络）。固定网络的代际划分也主要是以接入网的演进作为依据的。

二、技术和业务双重驱动下的固定网络代际演进：从 F1G 到 F5G

摩尔定律指出，在价格不变的情况下，集成电路上可容纳的元器件的数目每隔 18～24 个月便会增加一倍，性能也将提升一倍。在摩尔定律的影响下，信息通信产业（ICT）普遍具有较为清晰的代际划分。在通信网络中，移动网络的代际划分最为明显，从 20 世纪 80 年代 1G 网络出现，到如今 5G 开始规模化商用，移动网络已经经历了五代。与移动通信不同，固定通信很长时间内没有明确的代际划分。2019 年，包括意大利电信、葡萄牙电信、中国电信、中国信息通信研究院、华为等在内的 10 家公司倡议成立 F5G 工作组，并对固定网络的代际进行划分。同年 12 月，F5G 工作组发布了工作组报告，将固定网络诞生至今的发展历程划分为 5 个代际，分别是第一代固定网络（F1G）、第二代固定网络（F2G）、第三代固定网络（F3G）、第四代固定网络（F4G）、第五代固定网络（F5G），其中 F5G 是固定通信网络的最新代际。从固定网络的代际划分和演进历程可以发现，技术和业务是驱动固定网络演进的两大核心因素。

1. 第一代固定网络（F1G）

欧洲电信标准化协会（European Telecommunications Standards Institute，ETSI）的报告认为，从电话网络诞生到 20 世纪末属于第一代固定网络（The 1st Generation Fixed Networks，F1G）时期，这段时间内固定网络的核心是电话网络，主要业务是提供语音通话服务。实际上，早在 1878 年（贝尔发明电话后的第二年）美国康涅狄格州就开通了世界第一个市内电话交换所，虽然当时的电话网络只有 20 个用户，但确立了固定电话网络的雏形，标志着固定网络的诞生。[①] 此后，随着电话用户的增加，固定电话网络的规模越来越大，电话连接方式从直连向交换连接发展，交换技术也不断由人工交换向步进制交换、纵横交换、程控式交换等先进交换技术转变，并逐步建立了全球语音通信电话交换网络。20 世纪 70 年代，互联网技术加快发展，互联网数据连接需求越来越大，传统的电话网络是一种以模拟技术为基础的电路交换网络，而互联网是基于数字技术的信息传输，为了在传统电话网络上实现数据上网，公共交换电话网络（Public Switched Telephone Network，PSTN）技术开始出现，它通过调制解调器（Modem）在传统电话网络两端接入侧实现信号的模/数、数/模转换，以实现拨号上网功能。20 世纪 80 年代，综合业务数字网（Integrated Service Digital Network，ISDN）的技术开始出现并应用，ISDN 是一种在综合数字电话网 IDN（该网能够提供端到端的数字连接）的基础上发展起来的通信网络，能够支持多种电话业务和非电话业务。由此可以看出，第一代固定网络实际上可以分为两个阶段：第一阶段是以模拟技术为核心的电话网络，实现的是语音通话功能；第二阶段是数字技术整合到模拟技术中，推动电话网络与互联网网络融合，实现拨号上网的功能。但不管是哪个阶段，第一代固定网络的接入介质都是传统的铜线接入，速率较低，一般只能达到 64Kbps，是典型的窄带网络；在技术方面上，PSTN 和 ISDN 是第一代固定网络的典型技术，基于这两种技术，第一代固定网

---

① 尼阳尼雅·那丹珠．中国通信史（第一卷）[M]．北京：北京邮电大学出版社，2019：71.

络不仅可以实现语音通话功能，还能够进行拨号上网，实现传真、数据、图像通信等信息的交换。

2. 第二代固定网络（F2G）

20 世纪 90 年代开始，固定网络进入了第二代固定网络时期（The 2nd Generation Fixed Networks，F2G）。相比第一代固定网络，第二代固定网络带宽大幅提升，能够达到 2~30Mbps，这也标志着固定网络进入宽带网络时代。与第一代固定网络的发展一样，第二代固定网络的发展也是业务和技术双重驱动、螺旋作用的结果。从业务端来看，20 世纪 90 年代以后全球互联网进入加快拓展时期，以万维网（WWW）为基础的门户网站如雨后春笋般纷纷出现，网页浏览、邮件、搜索引擎、网络社区、网络应用程序、社交网站、博客等新型网络应用大规模增加。1994 年，我国首次接入全球互联网，正式步入了互联网时代。这一时期出现了网易、搜狐、百度、腾讯、阿里巴巴等一大批互联网公司，这些在通信网络升级基础上培育起来的公司很多都发展成了当前互联网企业巨头，比如百度、搜狐等。从技术端来看，1989 年贝尔实验发明了非对称数字用户线环路（Asymmet-rical Digital Subscriber Loop，ADSL）技术，通过高频和低频分离、非对称的上下行带宽实现宽带拨号上网。相比于第一代固定网络的 PSTN 和 ISDN 技术，ADSL 下行速率高（下行速率可以达到 8Mbps）、频带宽、性能优等特点，充分满足了当时的上网带宽需求，被誉为"现代信息高速公路上的快车"。而在 ADSL 技术之上演进的 ADSL2、ADSL2+技术使得网络速率进一步提升，下行速率可以达到 20Mbps。但 ADSL 技术和 PSTN、IS-DN 技术也有相同之处，即它们都是运行在原有普通电话线（铜线网络）

上的一种网络技术，只是通过在线路两端加装 ADSL 设备为用户提供高宽带服务。由此可见，第一代固定网络和第二代固定网络都是在电话网络的基础之上实现数字信息传输的，实现连接的介质都是传统的铜线网络。

3. 第三代固定网络（F3G）

进入 21 世纪以后，高清数字电子技术不断成熟，1999 年我国国庆节以高清转播国庆庆典取得巨大成功，2006 年我国公布了地面数字点数传播标准 DMB-TH，《国家"十一五"时期文化发展规划纲要》明确提出 2008 年开播数字高清电视。与此同时，领先运营商加快推动电话网、电视网和互联网"三网"融合，高清视频逐渐成为新型互联网应用，优酷、土豆、PPTV 等一批互联网内容提供商纷纷出现。高清视频业务的快速发展成为驱动固定网络升级的重要驱动因素，由于基于 ADSL 技术的第二代固定网络已经无法满足高清视频业务需求，第三代固定网络（The 3rd Generation Fixed Networks，F3G）开始发展。在第三代固定网络中接入技术主要从两方面进行演进：一是基于原有的铜线网络，ADSL 接入技术进一步升级为甚/超高速数字用户线路（Very-high-bit-rate Digital Subscriber Loop，VDSL），实现更大连接宽带。VDSL 是 ADSL 的升级版本，其平均传输速率可比 ADSL 高出 5～10 倍，并且利用现有电话线，通过在用户侧安装一台 VDSL Modem 即可实现用户接入。二是光纤技术首次应用到接入网中，实现了接入网的光纤化。虽然光纤技术在 20 世纪 70 年代就开始研发，但其主要应用在骨干网、城域网中，很少应用于接入网中。在第三代固定网络的光纤化过程中，主要采用"光纤到楼、以太网入户"（FTTx+ETTH）

模式，即通过光纤到路边（FTTC）、光纤到大楼（FTTB）与以太网进行组合，实现接入网速率的提升，具体组网模式是先将接入网光纤化到路边、大楼，再用以太网从路边、大楼接入用户终端，进而实现接入网络品质和速率的提升，网络速率可以达到100Mbps。由此可见，在第三代固定网络中，接入网介质是由前两代的铜线转变为铜线和光纤混合，这标志着接入网开始向光接入时代迈进，在固定网络演进中具有划时代的意义。

4. 第四代固定网络（F4G）

自2010年开始，互联网应用又有了新的发展：一方面，高清视频加快向4K超高清视频方向发展，2012年英国广播电视台（BBC）通过4K超高清技术转播伦敦奥运会；2014年，4K超高清频道在韩国正式开通，标志着全球进入4K超高清时代。另一方面，在线教育、远程医疗、网络直播等新兴应用开始出现，这对接入网络提出了更高的带宽要求。从网络侧来看，第四代固定网络与第三代固定网络类似，仍然是从两个方面提升网络质量：一是基于铜线接入实现接入技术升级；二是推动光纤化深度发展，实现更大范围内的光纤接入。具体来看，在基于铜线的接入技术升级方面，2011年国际电信联盟电信标准分局（ITU-T）开始研究制定G. fast技术标准，G. fast可以看作VDSL的升级，运营商将光纤网络前移到靠近用户的路边或楼道内，不再通过VDSL等技术接入到用户侧，而是通过速率更高的G. fast技术接入（接入速率可以达到500Mbps）。在光纤化升级方面，第四代固定网络进一步推动光纤接入网侧延伸至用户（FTTH），其中核心技术是千兆无源光网络技术（Gigabit-Capable Passive Optical

Networks，GPON）。通过以上分析可以看出，G. fast 和 FTTH 路线在一定程度上是可替代的，二者都可以提供高达 500Mbps 的接入速率，但 FTTH 由于采用光纤技术，具有高带宽、稳定、架构简单、可以长期演进发展等特点。我国在"宽带中国"战略部署下主要通过 FTTH 模式实现接入网升级，到 2014 年全球 FTTH 用户数已经达到了 2 亿。目前，FTTH 网络开始在欧洲、美洲、东南亚地区建设。综上所述，与第三代固定网络相比，第四代固定网络在接入介质方面没有发生太大的变化，主要是基于铜线和光纤这两种混合接入介质通过技术升级实现接入带宽的提升。

5. 第五代固定网络（F5G）

随着光纤网络的发展，固定网络开始进入第五代，即 F5G 时代。与第四代固定网络相比，第五代固定网络在接入介质上将实现实质性变革，即由原来的铜线和光纤混合接入转变为全光纤接入，在网络结构上表现为在 FTTH 的基础上，将光纤接入进一步由家庭延伸到房间，形成光纤到房间（FTTR）的新型组网模式，打造了端到端的全光网络。在网络性能上，与第四代固定网络相比，第五代固定网络具有超高速率，是 F4G 速率的 10 倍以上，可以达到 1Gbps 以上，所以 F5G 又称千兆光网。与此同时，第五代固定网络具有更低的网络时延和丢包率，可以支撑 8K 超高清视频、VR 等新型网络应用。2016 年巴西里约奥运会开幕式实现了全球首次 8K 现场实况转播，2018 年俄罗斯世界杯实现 8K 现场直播，自此，8K 超高清成为未来视频发展的方向。此外，8K 设备价格的不断下降也为未来 8K 视频的发展和普及奠定了基础。千兆光网超高数量、超低时延、超高可靠性的网络特性则为 8K

超高清视频的发展提供了网络基础。此外，VR 产业的发展也要求千兆光网的支撑，作为千兆时代最终前景的应用，VR 代表着未来社交、娱乐的发展方向，正是在这一背景下，Facebook 更名为 Meta，将基于 VR/AR 的元宇宙作为未来战略方向；2018 年韩国基于千兆网络推出运营商级别的 VR 服务。除了家庭应用以外，千兆光网还可以广泛应用于生产领域。

　　图 1-2 从关键技术、主要业务、网络速率、传输介质四个方面总结了固定网络的代际演进趋势。从网络传输介质来看，固定网络代际演进本质就是接入介质从铜线接入向光纤接入转变以及基于不同接入介质的网络速率提升的过程，在前两代固定接入网中，接入介质都是铜线，固定网络的代际演进是基于铜线接入的技术研究；从第三代固定网络开始，接入介质从铜线转变为铜线和光纤混合，网络的代际演进主要是基于这两种接入介质的速率提升；从第五代固定网络开始，接入介质网转变为全光纤接入，未来的固定网络代际演进也将是建立在光纤接入技术之上的代际演进。在图 1-2 显示的关键技术中，上一行表示固定网络接入技术演进，下一行表示传送技术演进历程，从中可以看出，从 F1G 到 F5G 实现了接入网络技术和传送网络技术的同步升级：在 F1G 时代，接入网络技术主要是 PSTN、ISDN 技术，传送网络技术主要是准同步数字系列（Plesiochronous Digital Hierarchy，PHD）技术；到了 F5G 时代，接入网络技术升级到 10G-PON 以及 Wi-Fi6 等技术，传送网则向更大带宽的光传送网（OTN）技术（200G、400G）以及全光交换（OXC）技术转变。

	F1G 1990年	F2G 2000～2010年	F3G 2005～2015年	F4G 2010～2020年	F5G 2015～2025年
关键技术	PSTN/ISDN PDH	ADSL/ADSL2+ SDH	VDSL2/FTTC/FTTB MSTP	GPON/G.fast/FTTH OTN	10G-PON/FTTR/Wi-Fi6 OTN(200G、400G)/OXC
主要业务	语音 拨号上网	标清视频 多媒体网页	高清视频	4K超高清视频	8K超高清视频、 VR、云游戏、 智慧城市
网络速率	64Kbps	2～30Mbps	30～100Mbps	100～1000Mbps	1～10Gbps
传输介质	铜线 （电话网络）	铜线 （电话网络）	光纤 铜线	光纤 铜线	光纤

图1-2　固定宽带发展历程

资料来源：作者绘制。

此外，通过总结固定网络代际演变历程，并结合移动网络发展历程可以发现，通信网络中普遍存在"奇数代定律"，即在网络演进代际中，奇数代往往是网络技术、质量等发生革命性变革的时期：F1G时代，固定网络具备了语音通话功能，实现了通信史上的首次变革；F3G时代，光纤技术首次应用到固定接入网中，对传统以铜线接入为主的固定接入网实现了二次变革，不仅提升了固定网络质量，孵化了视频等新型应用，还改变了固定网络技术和网络架构演进方向；F5G时代，全光接入网的发展，彻底改变了百年以来的固定通信网络体系，固定网络从百年前的铜线网络走向了端到端的全光网络，实现全体系、全架构的蜕变，同时，还加速孵化VR／AR、工业光网等前所未有的新型应用。通信网络的"奇数代定律"启发我们要格外重视奇数代网络技术的发展和网络建设，以免错失通信网络发展的战略窗口。

三、以全光传送与全光接入为核心的千兆光网

前文从接入网角度分析了千兆光网的技术特征和组网模式，实际上，千兆光网不仅包括千兆光纤接入网，还包括全光传送网，本部分主要对全光传送网进行简单分析。前文的分析已经指出，整个网络体系中最先实现光纤化的是骨干网、城域网（可以简单理解为传送网），从 20 世纪 90 年代波分复用（WDM）技术开始应用到传送网中，此后又从"一纤一波"发展到"一纤多波"，尤其是密集波分复用（DWDM）技术应用以后再次将一根光纤传送的波长数从 40 波提升到 160 波，使得传送带宽大幅提升。但是，在光纤传送网络中，当光纤承载的信息传输到网络节点时，还需要将光信号转变为电信号，由电子器件对电信号进行处理，然后再将电信号转变为光信号继续往下传送。也就是说，在光纤传送网络的节点处，需要实现光电、电光两次转换，由于电子器件的处理能力相比于光纤而言存在较大差距，这样就使得光纤传送网络中存在"电子瓶颈"，制约了传送网络的效率提升。全光传送网正是要解决这一瓶颈，通过将网络节点处的电转换升级为全光转换来打造全光纤化的传送网络体系。由此可见，千兆光网的核心是要打造以全光传送网和光纤接入网为核心的端到端光网络。

从技术角度来看，以全光纤为核心的千兆光网核心技术主要包括 OTN、OXC、10G-PON、Wi-Fi6、FTTR 等，其中 OTN、OXC 是全光传送网的技术，10G-PON、Wi-Fi6、FTTR 是光纤接入网的技术。具体地，OTN 是光传送网（Optical Transport Network）的英文缩写，它以波分复

用技术为基础实现网络节点的光传送；OXC 是光交叉连接（Optical Cross-connect）的英文缩写，主要实现光信号的交换；10G-PON 是在 GPON 技术基础之上演进而来的，主要实现接入网带宽提升；Wi-Fi6 是 Wi-Fi 技术的最新升级，理论上可以达到近 10Gbps 的速率；FTTR 则是将光纤从分配点进一步延伸到房间，实现光纤与终端设备直连。

以上先进技术使得千兆光网具有极致的网络特征，欧洲电信标准化协会 F5G 工作组从三个方面定义了千兆光网的特征：

第一，全光联接（Full-Fiber Connection，FFC），千兆光网利用全面覆盖的光纤基础设施，帮助光纤业务边界延伸到每个房间、每个桌面、每台机器，全力拓展垂直行业应用，在业务场景扩展 10 倍以上，连接数提升 100 倍以上，实现每平方千米 10 万级联接数覆盖。第二，增强型固定宽带（Enhanced Fixed Broadband，eFBB），千兆光网通过 10G-PON、FTTR、FTTM（光纤到机器）等先进技术，实现网络带宽能力提升 10 倍以上，实现上下行对称宽带能力，实现千兆家庭、万兆楼宇和 T 级园区。第三，极致体验（Guaranteed Reliable Experience，GRE），千兆光网支持零丢包、微秒级时延、99.999%可用率。综上，千兆光网具备确定性大带宽、海量连接、低时延和零丢包的特点，可以通过广泛的覆盖来提供高品质的网络连接服务，实现“光联万物”（Fibre to Everywhere）的产业愿景。

专栏 1-1　欧洲电信标准化协会（ETSI）

国际标准组织是通信产业中技术研发、标准制定、代际划分的重要主体，在通信产业发展中扮演着重要角色。国际电信联盟（ITU）、第三代合作伙伴计划（3GPP）、欧洲电信标准化协会（ETSI）、宽带论坛（BBF）等都是通信产业中著名的国际组织，其中 3GPP 主要负责无线网络的代际技术研发、标准制定等工作。在固定通信中，虽然有 ETSI、BBF 等标准组织，但长期以来一直没有进行明确的代际划分和研究。2020 年 2 月，ETSI 宣布成立 ETSI F5G 工作组，开始对固定网络的代际进行划分，并进行 F5G 标准和相关技术研发，在 2020 年 2 月召开的 F5G 工作组启动会上，Luca Pesando 博士（意大利电信）当选主席，中国电信研究院的蒋铭博士当选副主席，这标志着我国凭借领先技术实力在固定通信国际标准组织中具备了较强的影响力。本专栏主要对 ETSI 的基本情况和运作模式进行介绍。

欧洲电信标准化协会（ETSI）是由欧洲共同体委员会于 1988 年批准建立的一个非营利性的电信标准化组织，总部设在法国南部的尼斯。该协会的宗旨是：实现统一的欧洲电信大市场，及时制定高质量的电信标准，以促进电信基础结构的综合，确保网络和业务的协调，确保适应未来电信业务的接口，以达到终端设备的统一，为开放和建立新的电信业务提供技术基础，并为世界电信标准的制定做出贡献。ETSI 作为一个被欧洲标准化委员会（CEN）和欧洲邮电主管部门会议（CEPT）认可的电信标准协会，其制定的推荐性标准常被欧洲共同体作为欧洲法规的技术基础而采用并被要求执行。ETSI 的标准化领域主要是电信业，还涉及与其他组织合作的信息及广播技术领域。ETSI 成立时间不长，但由于其运作符合电信市场需要，工作效率高，截至 2020 年底已有 2600 多项标准或技术报告发布，对统一欧洲电信市场，对欧洲乃至世界范围的电信标准的制定起着重要的推动作用。ETSI 的工作程序建立在 ITU 等国际标准化组织活动准则的基础上，并与之相协调。

ETSI 成员可分为正式成员、候补成员和观察员三类。正式成员和观察员只允许 CEPT 成员国范围的组织参加。凡自愿申请入会、按年收入比例向 ETSI 交纳年费者，经全体大会（以下简称全会）批准均可成为正式成员。正式成员享有 ETSI 标准的技术报告及参考文件的发言权、投票权和使用权。ETSI 观察员一般只授予被邀请的电信组织的代表。ETSI 候补成员是为非欧洲国家电信组织或公司寻求与 ETSI 合作而设的一种特殊身份。要成为 ETSI 的候补成员，需与 ETSI 签署正式协议，经全会批准。候补成员可自由参加会议，有发言权但无表决权，享有与正式成员同样的文件；候补成员应支持 ETSI 标准作为世界电信标准的基础，尽可能地采用 ETSI 标准并交纳年费。ETSI 授予欧洲共同体和欧洲自由贸易协会（EFTA）的代表以顾问的地位，顾问有权参加全会，参与常务委员会、技术委员会、特别委员会的工作，但没有投票表决的权利。

ETSI 组织由全会、常务委员会、技术机构以及秘书处组成。以上各组织的活动受 ETSI 法规的管理和约束。全会是 ETSI 的最高权力机构，每年通常召开两次会议，分别在春季和秋季。所有正式成员都要参加，候补成员、观察员也可参加大会，可以发表意见，但不能投票。全会将决定 ETSI 的所有政策和管理决策。全会将产生主席、副主席及大会秘书长、代理秘书长人选，通过决议和章程，讨论接纳新成员，决定预算、决算，通过每年的工作报告等。为保证各国的权利均衡，ETSI 将各国参加的成员按一定的原则进行合并，每个国家选派代表进行投票。一般的决议，同意票需超过71%才能通过。常务委员会是在全会闭幕期间开展日常辅助工作的机构。常务委员会主任受大会委托，主要负责各技术委员会之间的协调和决定与各相关部门的运作方式等。其主要职能是决定成立技术委员会、选举技术委员会主席、协调各技术委员会之间的关系、研究分类计划及进度、鉴定成果、通过新标准及确定新旧标准的过渡期等。

资料来源：百度百科：欧洲电信标准化协会。

第二节 千兆光网是新型基础设施的 "基础设施"

伴随着传统工业经济向数字经济转型，以千兆光网、5G、工业互联网、人工智能、大数据、云计算为核心的新型基础设施将取代交通、电力、能源等传统基础设施，成为支撑经济社会数字化转型、驱动智能化创新的基础性、先导性、战略性基础设施。近年来，党中央、国务院不断强化对新型基础设施的战略部署，2020年3月中共中央政治局常务委员会会议提出要加快新型基础设施建设，2021年《政府工作报告》强调统筹推进传统基础设施和新型基础设施建设，党的十九届五中全会指出系统布局新型基础设施。当前学术界和产业界对新型基础设施的范围还存在一定的争议，有些认为新型基础设施主要是千兆光网、5G、人工智能、工业互联网、物联网；有些机构和学者认为智慧城市、智慧政务、智慧市政等传统基础设施数字化转型也属于新型基础设施范畴。不管哪种观点，新型基础设施的核心都是数字经济领域的基础设施，其本质是支撑数据这一新型生产要素获取、传输、存储、计算和应用的基础设施。不同于传统的"管道式"的基础设施，新型基础设施共同构成一个"多层"的产业生态，新型基础设施之间具有技术上和经济上的高度关联性。

实际上，可以将新型基础设施分为三类：一是连接型基础设施，主要起到数据流通通道的作用，包括千兆光网、5G、工业互联网、卫星网等；二是算力基础设施，主要是对数据进行存储、计算、分析以及应用，包括人工智能、数据中心等；三是转型基础设施，主要是传统基础设施数字化转型的基础设施，包括智慧市政、城市交通等。在不同的新型基础设施体系中，千兆光网的作用和地位不同，千兆光网不仅是5G、工业互联网、卫星通信等连接基础设施的核心组成部分，还是人工智能、大数据、区块链等算力基础设施发挥作用的基石，更是转型新型基础设施的催化剂。因此，千兆光网在新型基础设施体系中处于核心性、基础性地位，是新型基础设施的"基础设施"。

一、千兆光网是连接基础设施的核心要素

千兆光网包括以 10G-PON 技术为核心的全光接入网，以及以 OXC、OTN 等技术为核心的全光传送网。表 1-1 中显示了千兆光网和 5G 的性能比较，千兆光纤接入网在性能上具有同等于 5G 的超高带宽、海量连接、超低时延等高品质网络特性，在应用场景上和 5G 相互补充，共同构筑接入网的"双翼"，是连接基础设施的核心组成部分：千兆光纤接入网适用于家庭、企业、工厂、医院等室内或固定场景，5G 适用于室外等移动应用场景。全光传送网是通信网络体系的"主体骨架"，起到汇聚、承载全网数据流量的作用，不管是有线接入网，还是无线接入网（如 5G、卫星通信等），都需要骨干网络进行承载，尤其是随着无线接入网进入超高带宽的 5G 时代，基站与基站、基站与主干网之间的承载数据量大幅增加，对承载网络性能要求进一步提升，以光技术为核心的全光传送网络也成为必需的承载技术。可见，在"一体两翼"的信息通信网络体系中，千兆全光网不仅是"两翼"的重要组成部分，还是"一体"的核心，在新型基础设施的连接基础设施中占据核心位置。

表 1-1　千兆光网和 5G 性能比较

网络性能	千兆光网	5G
速率	家庭千兆，园区 Tbps 级别	第五代移动通信技术（IMT-2020）提出的 5G 目标：峰值速率 20Gb/s，用户体验速率 100Mb/s
时延	微秒级时延	下行：<1 毫秒；上行：<1.5 毫秒
连接数	海量连接	海量连接

资料来源：作者整理。

从我国通信网络体系的演进历程来看，在经历了骨干网光纤化、接入网光纤化两个发展阶段之后，全光网已成为未来我国网络体系演进的必然方向。改革开放以后，经济的快速发展对通信需求大大增加，尤其是长途电话的需求，但当时我国长途干线通信电路严重紧缺，1980 年长途干线通信线路只有 3 万条，只占日本的 1.2%，供需缺口极其严重。为了解决长途干线不足的问题，邮电部决定放弃技术和设备都比较成熟的同轴光缆技术路线，研发当时技术比较先进的光纤技术路线，成功建成了具有国际先进水平的干线光通信系统（宁汉光缆），开启了我国通信骨干网光纤化之路。随着广昆成光缆工程在 2000 年建成完工，我国"八纵八横"光纤干线网全部建成，这标志着以光纤传输为核心的骨干网络体系逐步建成。骨干网的光纤化解决了汇聚、承载层信息传输的瓶颈问题，但移动互联网、电子商务等新兴业务的发展又大大增加了用户接入数据流量需求，以铜线为主的传统接入方式成为了用户网络体验和经济发展的新阻碍。在此背景下，我国提出"宽带中国"战略，大力推动接入网的光纤化。截至 2021 年 6 月，我国光纤接入（FTTH/O）用户 4.8 亿户，占固定互联网宽带接入用户总数的比例达到 94%，以 FTTH 为核心的接入网光纤化基本完成。未来，随着数字经济的全面深化和拓展以及千行百业的数字化转型，人机物全面互联的社会即将来临，这又对通信网络基础设施提出了新的要求，以千兆全光网和 FTTR 为核心的超大带宽、海量连接、超低时延的高品质网络体系是支撑数字经济发展的必需基础设施，高度适配未来高品质网络需求的千兆全光网将成为新型通信网络基础设施建设的主要方向。我国信息网络体系光纤化历程如图 1-3 所示。

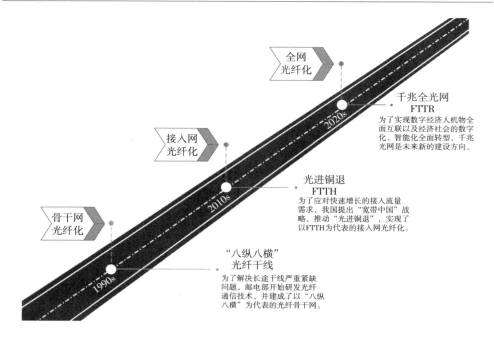

图1-3 我国信息网络体系光纤化历程

资料来源：作者绘制。

二、千兆光网是算力基础设施的连通管道

在数字经济时代，最核心的资源和能力是算力，即计算能力。算力的核心是CPU、GPU、NPU、MCU等各类芯片，具体由计算机、服务器、高性能计算集群和各类智能终端等承载。随着数据的爆炸式增长，算法的复杂程度不断提高，对算力需求越来越高，云计算、数据中心、人工智能等算力基础设施也成为数字经济最为核心的基础设施和最核心的生产力。算力基础设施作用的发挥需要两个条件：一是各类终端要互联互通，实现各类数据的获取、汇聚，为计算提供基础；

二是海量数据需要实现快速高效的传输、交换，数字经济时代算力基础设施和终端设备间进行高频、海量的数据交互和传输，需要大宽带的数据管道进行连接。千兆光网是连接算力基础设施以及各类终端设备的管道，是算力基础设施发挥作用的前提和基础。

首先，千兆光网是海量终端设备的连接器，是连接终端设备、终端设施与算力基础设施之间的"立交桥"。随着人工智能、大数据、云计算等技术的发展，全球都将进入万物互联时代。2021 年 4 月，根据信息技术研究公司 Gartner 的最新预测，2022 年全球设备装机量将达到 64 亿台，比 2021 年增长 3.2%。华为发布的《GIV 2025 打开智能世界产业版图》白皮书预计 2025 年全球智能终端数将达 400 亿台，智能终端的角色将从工具向助理演进，届时智能助理普及率将达到 90%。其中智能手机数将达 80 亿，平板和 PC 电脑将达 30 亿，各类可穿戴设备数达到 80 亿，平均每人将拥有 5 个智能终端，20% 的人将拥有 10 个以上的智能终端；近 200 亿实时在线的智能家居设备将成为个人和家庭感知的自然延伸。全球有 40 亿头牲畜、2000 万个集装箱、3 亿个 LED 路灯、18 亿只水表等都将被打上"数字标签"，道路上的车辆、工厂的设备在制品、货运途中的集装箱、飞机发动机、室内或户外的环境监测设备都将被连接到网络中，万物感知带来的数据洪流将与各产业深度融合，形成工业物联网、车联网等新兴产业，为智能世界的实现与创新型智能服务提供关键助力。数字经济时代的万物互联为连接网络提出了重要要求，即要具备较高的连接密度，千兆光网海量连接的特性满足了这一需求。

其次，千兆光网超大带宽的特性满足了算力基础设施的数据传输需求。根据爱立信的数据，2019年和2020年全球数据流量分别达到每月180艾字节和230艾字节。到2026年，这一容量预计将增加两倍以上，达到每月780艾字节。固定数据流量在2019年几乎占所有数据流量的3/4。尽管随着移动设备和物联网数量的增加，移动宽带的数据流量预计会快速增加，但是到2026年固定数据流量仍将占总数据量的2/3以上。互联网数据中心（IDC）的预测数据则显示，2020~2025年数字数据量将是数字存储出现以来数据量的两倍多，全球数据流量年复合增长率将达到23%。随着数据流量的激增，跨境数据流量也快速增长，在2021年中国国际服务贸易交易会"服务贸易开放发展新趋势高峰论坛"上，国务院发展研究中心党组书记马建堂指出，2005~2019年全球数据跨境流量增长了98倍。《中国数字贸易发展报告2020》显示，2019年我国数据跨境流动量约为1.11亿Mbps，占全球数据跨境流动量的23%。千兆光网具有超大带宽、超低时延、超高可靠性的特征，满足了海量数据的高质量传输需求。

三、千兆光网是转型基础设施的赋能工具

利用千兆光网、物联网、云计算、人工智能等新一代信息技术对交通运输、能源水利、市政、环保等传统基础设施进行数字化、智能化升级而形成的基础设施是新型基础设施的重要组成部分。传统基础设施数字化转型一方面要实现数据感知，另一方面要实现数据连接，基于千兆光网的连接技术是连接的重要手段，是赋能实现传统基础设施数字化转型的催化剂。

首先，能源、市政等传统基础设施向数字化、智能化转型可以显

著提升传统基础设施的服务能力和服务效率。例如，进行数字化改造的智能电网可以接入风能、太阳能等大量的分布式能源，并整合利用电网的各种信息，进行深入分析和优化，实现整个智能电网生态系统更好的实时决策：用户可以自己选择和决定更有效的用电方式、电力公司可以决定如何更好地管理电力和均衡负载、政府可以更好地利用其保护环境。其次，传统基础设施数字化转型可以有效带动新技术、新产业的应用和发展。传统基础设施数字化转型的核心抓手是千兆光网、人工智能、大数据、云计算等新兴技术，推动传统基础设施数字化转型可以有效带动新兴技术和新兴产业的需求，加速技术迭代和更新，抢占新一轮产业革命的技术制高点。最后，推动传统基础设施数字化转型是倒逼数字基础设施发展的重要抓手。与传统基础设施相比，人工智能、工业互联网等数字经济基础设施公共物品属性相对较弱，市场应该是新型基础设施投资建设的主力。但是，新型基础设施也存在技术成熟度低、市场前景不明确的问题，从而可能导致市场投资不足。通过推动传统基础设施的数字化升级，可以拉动相关产业发展，从而带动相关企业投资人工智能、工业互联网、大数据等新型基础设施的积极性。

传统基础设施数字化转型升级就是通过传感器、物联网等技术和手段对现有物理基础设施进行数字化，让物理基础设施变成数字经济的神经元，实现从物理世界向数字世界虚拟化转化；然后，通过大数据、元计算、人工智能等手段，实现对传统基础设施的智能化管理和使用，从而形成数字化、智能化的新型基础设施。利用数字技术对水利、交通、市政等传统基础设施进行升级，形成智慧交通、智能电网、智慧市政等新型基础设施是传统基础设施转型的重点。以交通基础设施智能化转型为例，应以车联网、智能网联汽车、无人驾驶为导向，加快路侧通信设备安装、完善5G/LTE-V2X网络环境，积极推广利用传感、采集等设备加快道路、桥梁、信号灯、道路标识等交通基础设施信息化改造进程，实现交通设施全部联网化，打造智能化的道路环境。

传统基础设施数字化转型需要重点关注三方面的工作：一是推广感知设施部署，充分挖掘感知设施部署场景、应用模式和管理模式，重点推进智能抄表、智慧建筑、市政物联、交通物流、广域物联、工业物联等应用场景的感知设施部署；二是做好感知的连接，千兆光网是连接传统基础设施的重要工具，重点发展面向物联网应用的光纤连接设施，大力推进NB-IoT、eMTC等物联网技术商用部署和业务测试是推动传统基础设施转型的关键；三是加强标准规范衔接，传统基础设施领域建设要充分考虑配套感知和连接设施的部署要求，在标准规范中加以考虑，预留新型设施部署位置和空间。

第三节　千兆光网建设现状

随着8K超高清视频、VR视频、VR游戏等新应用的发展，业务端创新加快驱动网络向千兆光网发展。此外，运营商之间的竞争也迫使运营商加快建设千兆网络，提供差异化服务，以增强用户黏性。因此，在需求驱动以及竞争驱动下，全球运营商都加快建设千兆光网，本节对国外和国内的千兆光网建设现状进行系统总结分析。

一、全球千兆光网战略竞争加速

近几年来，日本、新加坡、韩国、美国等国家宽带网络向千兆级演进速度不断加快，许多运营商都推出千兆（1Gbps）、两千兆（2Gbps），甚至万兆（10Gbps）宽带业务。根据美国理特咨询公司（Arthur D. Little）的不完全统计数据，自2013年以来，全球已有近10个国家的运营商推出了千兆、万兆宽带业务（见图1-4）。2013年，日本运营商So-Net推出两千兆宽带业务，2014年挪威运营商Altibox推出万兆宽带业务，是全球首个推出万兆宽带的运营商，之后美国、中国香港、新加坡、卡特尔、韩国、瑞士等国运营商也分别推出万兆业务。可见，千兆宽带网络已经成为全球固定网络发展的趋势。

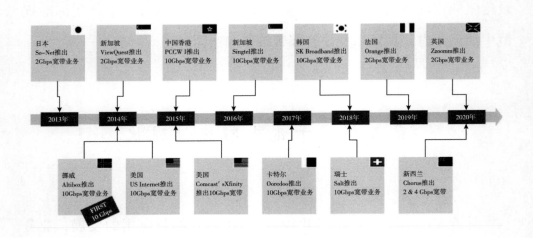

图1-4 主要国家运营商千兆、万兆宽带业务情况

资料来源：作者根据理特咨询公司数据绘制。

从千兆网络的全球覆盖来看，网络测速、监测和解决方案提供商VIAVI根据公司网站、产业贸易数据、新闻媒体等多渠道综合数据监测，结果显示全球19%的人口已经具有千兆网络覆盖，70多个国家已经具有可用的千兆网络。但需要指出的是，19%的千兆网络覆盖率包括无线网络（主要是5G）覆盖、光纤网络覆盖、混合光纤同轴电缆（HFC）覆盖以及Wi-Fi覆盖四种技术。从这四种技术占比来看，无线网络覆盖率为67.31%，光纤网络覆盖率为24.74%，HFC覆盖率为7.93%，Wi-Fi覆盖率为0.02%。由此可见，在固定接入领域，基于光纤的千兆网络覆盖方式是千兆网络的主流技术，远高于混合光纤同轴电缆的覆盖率。分国别来看，千兆网络覆盖人口数前10的国家分别是中国、美国、日本、德国、韩国、意大利、西班牙、英国、法国、加拿大（见表1-2），其中，中国千兆网络的覆盖人口达到6.1亿人，千兆网络覆盖率达到44%。从千兆网络的技术来看，千兆网络覆盖人口前10的国家大多数是基于无线网络（5G）实现千兆覆盖的，5G实现千兆覆盖的比例高达80%以上，在这些国家中，中国千兆光纤的覆盖人口最多，但由于中国千兆覆盖人口基数大，所以千兆光纤在千兆网络覆盖中占比只有14%。意大利、英国和加拿大基于光纤实现千兆覆盖的比例较高，在千兆网络中占比分别是79.39%、59.6%和52.78%，但是这些国家千兆覆盖的总人口比较少，意大利有4650万人左右，英国有3100万人左右，加拿大只有1700万人左右。由此可见，中国千兆光纤网络覆盖的人口最大。此外，VIAVI还提供了不同国家首次发布千兆光纤业务的时间，早在2011年中国就发布了千兆光纤网络业务，是最早发布千兆光纤网络业务的国家。

表 1-2　千兆网络覆盖人口数前 10 名国家情况

排名	国家	千兆网络覆盖人口数	千兆网络覆盖率（%）	千兆网络覆盖技术分类				千兆光纤首次发布时间(年)
				无线网络覆盖占比（%）	光纤网络覆盖占比（%）	HFC覆盖占比（%）	Wi-Fi覆盖占比（%）	
1	中国	613147700	44.00	84.00	14.00	0	2.00	2011
2	美国	252812700	78.00	82.76	10.63	6.57	0.04	2012
3	日本	69465000	55.00	92.45	7.55	0	0	2013
4	德国	50838000	63.00	96.80	0.08	3.12	0	2017
5	韩国	47056100	93.00	98.84	1.16	0	0	2014
6	意大利	46477200	78.00	20.61	79.39	0	0	2016
7	西班牙	38490800	84.00	98.41	1.59	0	0	2014
8	英国	30855500	47.00	40.20	59.60	0.20	0	2012
9	法国	30139200	47.00	98.64	1.36	0	0	2013
10	加拿大	17218700	47.00	11.11	52.78	36.11	0	2013

资料来源：VIAVI 千兆监测网站，https：//gigabitmonitor.com/。

此外，对 VIAVI 发布的全球 70 个具有千兆网络能力的国家的千兆光纤覆盖情况进行分析可以发现，千兆光纤网络覆盖人口超过 100 万人的只有 21 个国家（见表 1-3），千兆光纤网络覆盖人口在 1000 万人以上的有 4 个国家，分别是中国（8584 万人）、意大利（3690 万人）、美国（2687 万人）和英国（1839 万人）。可见，中国千兆光纤覆盖人口数最高，比意大利、美国和英国的总数还要高。

表 1-3　千兆光纤网络覆盖情况

国家	千兆光纤网络覆盖人口数	千兆网络覆盖率（%）	千兆光纤网络在千兆网络覆盖中的占比（%）	千兆光纤运营商数量（家）
中国	85840678	44.00	6.16	6
意大利	36898249.08	78.00	61.92	7
美国	26873990.01	78.00	8.29	130

续表

国家	千兆光纤网络覆盖人口数	千兆网络覆盖率（%）	千兆光纤网络在千兆网络覆盖中的占比（%）	千兆光纤运营商数量（家）
英国	18389878	47.00	28.01	31
加拿大	9088029.86	47.00	24.81	10
葡萄牙	7003600	67.00	67.00	3
荷兰	6226445.65	53.00	36.60	5
日本	5244607.5	55.00	4.15	2
罗马尼亚	5231521.3	28.00	27.49	3
奥地利	4748343	55.00	54.92	2
摩尔多瓦	3656600	90.00	90.00	1
波兰	3625090.15	10.00	9.17	4
新西兰	3073321.68	86.00	67.19	10
土耳其	2820400	3.50	3.50	1
斯洛伐克	2757100	51.00	51.00	6
爱尔兰	2360991.08	51.00	50.41	8
巴西	1975000	0.90	0.90	1
卡塔尔	1960536.96	90.00	69.23	2
澳大利亚	1906290	52.00	7.80	2
印度尼西亚	1899300	0.70	0.70	1
比利时	1563844	33.33	13.70	1

资料来源：根据 VIAVI 千兆监测网站数据测算。

二、国内千兆光网建设暂时领先

适度超前部署基础设施，充分发挥基础设施对经济社会发展的赋能和牵引作用是改革开放以来我国经济高速发展的重要经验之一。固定网络建设是我国信息基础设施的重要建设内容，我国一直高度重视，党的十八大以来，我国先后实施了"宽带中国"战略、网络提速降费，发布了《"双千兆"网络协同发展行动计划（2021—2023 年）》（工信部通信〔2021〕34 号）等政策文件，有力促进了我国固定网络的发展，尤其是千兆光网的发展。整体来看，我国固定网络经历了两次光纤化改造（以下简称光改），目前已经建立了全球领先的光纤网络体系：第一次光改以"宽带中国"战略为标志，2013 年国务院发布《"宽带中国"战略及实施方案》，持续加大光纤网络建设投资，全面推动接入网从铜缆接入向光纤入户转变。截至 2021 年 9 月末，光纤接入（FTTH/O）端口达到 9.34 亿，在所有宽带端口中占比已达到 93.8%。从全球来看，在第一次光改推动下，我国光纤接入用户占比全球领先，光纤接入（FTTH/O）用户的比重远超经济合作与发展组织（OECD）国家 26.8%的平均水平，仅次于新加坡（99.7%），位居全球第二。在网络速率方面，在第一次光改的推动下，我国宽带网络速率普遍达到 100Mbps 以上。根据工业和信息化部的统计数据，截至 2021 年 9 月末，中国移动、中国联通、中国电信三家基础电信企业的固定互联网宽带接入用户总数达 5.26 亿户。其中，100Mbps 及以上接入速率的固定互联网宽带接入用户达 4.85 亿户，占总用户数的 92.2%，占比较 2020 年末提升 2.2 个百分点。

2021 年 3 月，工业和信息化部印发《"双千兆"网络协同发展行动计划（2021—2023 年）》，加快推动千兆光网和 5G 建设，这标志着我国固定网络的建设在光纤到户的基础上开始向千兆提速，拉开了第二次光改的序幕。从千兆光网的用户数来看，我国千兆光网用户数快

速增加。2019 年 7 月全国千兆光网的用户数只有 48.3 万户，到 2021
年 9 月千兆光网用户数上升到 2134 万户，比 2020 年末净增 1494 万户
（见图 1-5）。

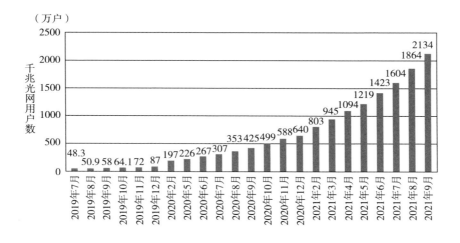

图 1-5　全国千兆光网用户数增加情况

资料来源：工业和信息化部通信业统计公报。

从运营商和地区层面来看，中国移动、中国联通和中国电信三大
运营商都已经推出千兆光纤宽带业务，且全国所有的省份都至少有一
家运营商推出了千兆宽带业务。作者通过搜索三大运营商各省份二级
分公司网站，查找运营商在各省份的千兆光纤宽带发展情况，表 1-4
反映了三大运营商在各省份千兆业务的发展情况，从表中可以看出几
乎所有的省份都至少有一家运营商提供千兆宽带业务。但是，需要指
出的是，目前开通千兆光纤宽带业务的省份都还只是点覆盖，并没有
实现全覆盖。随着未来千兆应用创新的发展，千兆宽带的覆盖必将呈
现由点连片、由片到面的全覆盖。

表 1-4 各省份三大运营商千兆业务情况

省份	中国移动		中国联通		中国电信		开通千兆宽带业务的运营商（家）
	是否具有千兆业务	千兆业务资费（元）	是否具有千兆业务	千兆业务资费（元）	是否具有千兆业务	千兆业务资费（元）	
北京	0	0	1	299	0	0	1
安徽	1	398	1	159	1	239	3
重庆	1	300	1	139	1	239	3
福建	1	869	1	399	1	219	3
广东	1	388	1	191	1	—	3
甘肃	0	0	1	299	0	0	1
广西	1	158	1	199	1	200	3
贵州	1	—	1	—	1	—	3
湖北	1	199	1	199	1	280	3
湖南	1	199	1	399	1	199	3
河北	0	0	1	269	0	0	1
河南	1	869	1	288	0	0	2
海南	0	0	1	399	1	198	2
黑龙江	0	0	1	199	1	—	2
江苏	0	0	1	299	1	600 起/年	2
吉林	1	238	1	159	0	0	2
江西	1	198	1	150	1	2200/年	3
辽宁	1	448	1	239	0	0	2
内蒙古	1	369	1	199	1	—	3
宁夏	0	0	0	0	1	199	1
青海	1	869	1	199	1	399	3
山东	0	0	0	0	0	0	0
上海	1	288	1	199	1	199	3
山西	1	198	1	199	0	0	2
陕西	1	298	1	199	1	299	3
四川	1	869	0	0	1	319	2
天津	1	238	1	398	1	199	3
新疆	1	399	1	299	1	219	3
西藏	1	388	1	239	0	0	2

续表

省份	中国移动		中国联通		中国电信		开通千兆宽带业务的运营商(家)
	是否具有千兆业务	千兆业务资费（元）	是否具有千兆业务	千兆业务资费（元）	是否具有千兆业务	千兆业务资费（元）	
云南	1	248	1	239	1	299	3
浙江	0	0	1	159	1	1111/年	2

注：数据由课题组从运营商网站获取，0代表没有开通千兆业务，1代表开通了千兆业务。

通过比较国内外千兆网络建设的现状可以得出以下几点结论：第一，千兆宽带网络代表着未来固定网络发展的趋势，各国都在加速布局；第二，千兆宽带网络存在不同的技术路线，但基于光纤的千兆宽带（千兆光网）具有领先的技术和网络性能优势；第三，我国千兆光网处于全球领先地位，不管是网络覆盖，还是实际用户数，都遥遥领先于其他国家。

第四节　加快千兆光网部署是建设数字经济强国的前提和基础

联合国发布的《2019年数字经济报告》指出，尽管数字经济是未来经济发展的必然趋势，但当前全球还处于数字经济前期导入和起步阶段，这为我国在数字经济时代实现赶超、建成全球领先的数字经济强国提供了千载难逢的机遇。但从另一方面来看，我国数字化程度还比较低、数字经济创新能力还较弱，实现数字经济赶超和全面领先面临巨大挑战。尤其是面对西方发达国家和地区数字经济的强势竞争，我国迫切需要构建以加快千兆光网建设为先导，以新型基础设施领先、底层根技术领先、垂直应用领先、数字包容发展领先为战略核心，全面牵引数字经济强国建设，构建数字经济领先优势的战略格局（见图1-6）。

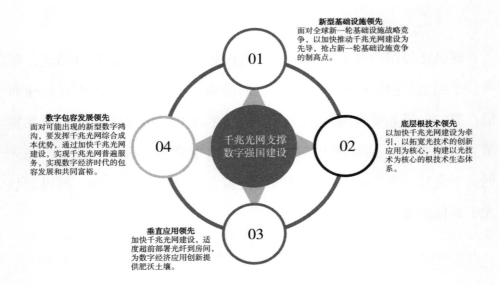

图 1-6　千兆光网在数字强国建设和数字经济领先中的战略地位

一、千兆光网牵引新基建竞争全面领先

在消费互联网时代，我国通过"宽带中国"等国家战略超前部署通信基础设施，数字经济实现了对发达国家的后发赶超，收获了巨大的数字化红利。进入万物互联的产业互联网时代，西方发达国家开始深刻反思本国信息基础设施滞后对其数字经济发展的制约，并制定更加全面的信息基础设施国家战略，试图通过高质量信息基础设施建设

牵引数字经济的发展，收获数字红利。英国 2020 年 10 月发布的《国家基础设施战略》（National Infrastructure Strategy）中提出，到 2025 年英国要实现千兆网络全覆盖。美国早在 2019 年就由国家电信和信息管理局（NTIA）牵头联合 20 多个联邦机构发起"美国宽带计划"（American Broadband Initiative），成立跨部门工作组协同各机构降低通信网络向千兆升级的制度壁垒和建设成本，并设立千兆网络建设专项资金等加速千兆网络建设。2021 年 11 月，美国政府宣布推出高达 1000 亿美元的宽带建设投资计划，并明确优先资助面向未来的宽带网络架构建设。欧盟也于 2021 年 3 月发布"2030 数字罗盘"（2030 Digital Compass）计划，提出到 2030 年要实现千兆网络和 5G 全覆盖，通过建立安全、高性能、可持续的信息基础设施支撑欧洲数字愿景的实现。从实际推进情况来看，美欧等国一方面加快光纤网络建设，另一方面加快推动差异化技术路线的千兆网络升级，已在短期内快速实现了通信网络质量的升级。例如，美国在加快提升光纤覆盖率的同时，发挥有线电视网络覆盖广泛的优势，因地制宜地对原有有线电视网络进行技术升级，达到千兆接入的能力。美国 CableLabs 发布的数据表明，2016 年美国基于有线电视网络（Cable）的千兆宽带覆盖率只有 9%，到 2019 年覆盖率迅速上升至 80%。

　　尽管我国目前在信息基础设施方面依然具有领先优势，但面对发达国家在信息基础设施方面的强势追赶，应强化风险意识，摒弃先入为主的认识，科学理性地判断全球信息基础设施建设现状和未来发展趋势，以进一步拉长信息基础设施长板、确保信息基础设施全球绝对领先的标杆地位为原则，提前进行战略部署。欧盟委员会发布的

《2020 年数字经济与社会指数》指出，家庭领域网络接入方式主要还是固定接入技术，占比达到 97%。原美国监管机构联邦通信委员会（FCC）主席 Pai 也指出，到 2022 年千兆固网将承载 59%以上的移动数据流量。面对未来大流量网络需求，在新一轮信息基础设施竞争中，我国要以加快推动千兆光网建设为先导，以协同推进千兆光网和 5G 建设，战略性防范通信网络体系出现结构性短板。

综上，未来家庭领域网络接入 97%以上仍然是固定接入，固定宽带将承载 59%以上的移动数据流量。近年来，西方发达国家不断强化以千兆光网为核心的信息基础设施战略部署，进一步激发全球通信基础设施竞争。我国要以加快推动千兆光网建设为先导，以协同推进千兆光网和 5G 建设、战略性防范通信网络体系出现结构性短板为原则，抢占新一轮基础设施竞争的制高点。

二、千兆光网牵引数字经济底层根技术突破

总结工业革命的经验可以发现，历次工业革命的发展都离不开底层根技术的率先突破和基础设施的超前部署：第一次工业革命以蒸汽机技术的突破和交通基础设施的完善为基础；第二次工业革命的突破以电力技术的发明和能源基础设施的兴起为推动力；第三次工业革命的兴起以计算机技术、信息技术为支撑，以互联网基础设施的建设为突破。进入数字经济时代，光技术、5G、人工智能、云计算等底层根技术成为驱动经济社会转型和产业发展的引擎，而未来全球数字经济竞争归根结底是数字经济底层根技术的创新竞争。相比于发达国家而言，我国在数字经济发展中具有基础设施领先、应

用场景丰富、市场规模巨大等优势，但数字经济底层根技术却相对落后。未来，推动数字经济根技术实现突破和领先是在全球数字经济竞争中取胜的关键。

以千兆光网为代表的光技术是数字经济的关键性根技术，与5G、人工智能、区块链等其他技术相比，我国在光技术领域起步早、基础好、领先优势明显。早在20世纪70年代，我国就在光纤光缆、光器件、光通信设备等领域开展自主研发，几乎与发达国家的光通信技术研发处于同一起跑点，经过几代人的努力，已在光通信领域取得全球领先优势。目前，在新一代基础设施中，光技术的占比已经超过50%，比如光技术在数据中心占比近50%，在数据通信设备路由器、交换机中占比超过70%。从全球光技术格局来看，我国也已成为全球光通信产业的领先者，在全球光纤光缆市场中占比达到44%，在光器件市场中占比接近40%，在全球光传输设备市场中占比接近40%，其中华为、中兴、烽火分别以24.6%、13.5%、6.5%的份额位居全球光网络设备市场的第1、第2和第5。根据产业预测，未来30年，光技术应用将从光通信领域向工业生产、居民生活的各个领域深入扩展，从传统的通信连接设备，到显示、呈现设备，到传感、探测、检测设备，到计算、缓存、存储设备，70%以上都将以光作为根技术。我国应发挥光技术和光通信技术设施领先优势，加快千兆光网建设，以千兆光网牵引光技术全面突破和扩散应用，构筑数字经济领先的光根基。

综上，光技术、5G技术、人工智能等是数字经济的核心根技术，也是全球数字经济竞争的战略焦点。与5G、人工智能等前沿技术相比，我国在光技术方面起步早、基础好、领先优势明显。未来要以加快千兆光网建设为牵引，以拓宽光技术的创新应用为核心，构建以光技术为核心的根技术生态体系。

三、千兆光网破解垂直应用创新的困境

千兆光网、5G 等新一代信息技术的垂直应用发展缓慢是当前制约全球数字经济发展的主要障碍之一。千兆光网、5G 等新一代信息技术可以广泛应用于低时延、高可靠、海量连接等生活和生产场景，包括 VR、AR、超高清视频、车联网、工业控制、远程医疗等。但目前重量级、引领型、突破性垂直应用还没有形成，制约了网络部署和垂直应用之间的良性互动发展。从 To C 端来看，当前最具发展前景的是高带宽视频和 AR/VR 两大领域，但由于欠缺强交互、沉浸式的优质内容源以及轻质、舒适、便携、高质量的终端，这些产业无法快速形成规模化发展。从 To B 端来看，多样化、碎片化的行业需求使得 5G 无法在垂直行业中快速规模化推广。此外，商业模式、信息安全等也导致垂直应用产业发展缓慢。

千兆光网除了具有与 5G 相当的网络性能外，还具有部署成本低、应用范围广、安全性高的优势，加快推动千兆光网的投资和建设可以为下游垂直应用创新提供丰沛的土壤。近年来，西方发达国家不断放松通信业规制，降低固定网络向千兆升级的制度壁垒和建设成本，加快培育千兆固网产业生态，试图以千兆固网成本优势快速培育垂直应用，并移植到 5G 场景，破解 5G 部署落后、垂直应用缺乏的难题。未来，谁能在垂直应用创新中率先实现突破，谁就能抢占数字经济的先

机。为此，我国应加强对美战略跟踪研究，加快推动千兆光网建设，适度超前部署光纤到房间，探索 5G、千兆光网和应用创新协同推进的机制，破解下游应用创新难题。

综上，千兆光网具有部署成本低、安全性高等优良特性，可以作为破解垂直应用创新缓慢、爆款应用缺乏的战略抓手。我国要在《"双千兆"网络协同发展行动计划（2021—2023 年）》等国家战略的指导下，加快千兆光网建设，适度超前部署光纤到房间，为数字经济应用创新提供肥沃土壤。

四、千兆光网防范新型数字鸿沟

习近平总书记在 2021 年 8 月 17 日召开的中央财经委员会第十次会议上指出，共同富裕是社会主义的本质要求，是中国现代化的重要特征。在数字经济时代，实现共同富裕要防范数字鸿沟的出现和扩大化。尤其需要注意的是，随着数字化、智能化的推进，数字鸿沟形式出现了新的变化。传统的数字鸿沟是由信息通信网络接入机会差异造成的接入型鸿沟，或者说是由能否平等地获得通信网络服务造成的网络接入型鸿沟。在党中央、国务院"宽带中国"等战略的牵引下，我国通信基础设施普遍服务处于全球领先地位，接入型数字鸿沟基本消除。在数字经济时代，人机物将实现全面互联，数据承载量也将指数级提升，大带宽、低时延、大连接的高质量通信网络是支撑未来数字应用、实现数字化转型的重要基础。网络是否具备高带宽、低时延、高连接等优质特性决定是否能够获取领先的应用，是否能够顺利实现数字化转型、分享数字化红利。因此，未来的数字鸿沟将不再是由能否获得通信网络引起的接入型鸿沟，而是由网络是否具有高性能引发的质量型数字鸿沟。从社会民生的角度来说，如果没有高质量的宽带网络，农村地区就无法利用远程教育、远程医疗等新兴技术，享受数字化、智能化带来的福利。从经济发展的角度来说，如果二、三线城市没有高质量的网络服务，也很难深度进行产业数字化转型、政府治理数字化转型，从而加剧区域经济发展的不平衡问题。以数据中心为例，由于西部偏远地区具有气候、能源等优势，是发展数据中心的重要地区，但如果缺乏高质量的网络体系，必然会阻碍数据中心等产业的发展。

战略性防范新型数字鸿沟不仅是数字经济健康发展的本质要求，也是实现社会主义共同富裕的要求。千兆光网不仅具有建设和运营成本的优势，还具有应用成本优势，由于千兆光网的商业模式以月固定费用为主，缴纳固定费用以后流量可以无限使用。综合考虑经济社会效率，通过加快千兆光网建设来提供千兆光网普遍服务是破解新型数字鸿沟的重要抓手。

综上，在数字经济时代，数字鸿沟由传统的以能否获得通信网络服务为核心的接入型数字鸿沟转向以网络是否具有大带宽、低时延、高连接等高质量特征为核心的质量型数字鸿沟。千兆光网具备建设、运营和应用等综合成本优势，通过加快千兆光网建设实现千兆光网普遍服务可以战略性防范新型数字鸿沟，实现数字经济时代的包容发展和共同富裕。

通过本节的分析可以发现，千兆光网在数字强国战略以及数字经济领先战略中占据重要地位，加快千兆光网建设不仅可以夯实新型基础设施领先优势，筑牢数字强国根基，还可以加快培育光技术，进一步拉长光技术长板，构建数字经济底层根技术领先生态。加快推动千兆光网建设还可以破解数字经济垂直应用创新困境，防范新型数字鸿沟，让数字经济时代的创新应用和数字红利沿着千兆光网通向千家万户、千行百业。

第二章　驱动：千兆光网助力
数字经济强国建设

随着新一轮科技革命和产业变革在全球深入发展，以互联网、大数据、人工智能等为基础的数字经济快速发展，已经成为带动经济增长的主要动力。各行各业对网络的依赖程度不断加大，大力发展网络基础设施建设成为推动制造业数字化转型的重要方面。自 2018 年我国基本完成城乡光纤化改造后，千兆宽带用户数从 2019 年 7 月的 48.3 万户，迅速增长到 2021 年 9 月的 2134 万户。据课题组预测，到"十四五"末期，我国千兆光网用户数将达到 36624.25 万户；到 2035 年，千兆光网用户数将达到 49065.60 万户。

在千兆光网的经济效益方面，课题组的测算表明：2021~2035 年，千兆光网用户数每增加 1%，将平均带动数字经济增长 0.03%，平均拉动全要素生产率增长约 0.01%，平均带动经济增长约 0.01%。千兆光网的经济效益将表现出较为明显的阶段性特征："十四五"时期，千兆光网用户数量快速增长，年均增长 152.17%，由此推动数字经济年均增长也较大，达到 4.57%，每年为 GDP 增长贡献 1.89 个百分点，带动全要素生产率年均增长 1.70%；2026~2035 年，千兆光网用户数量增速趋于稳定，年均增速为 3.04%，推动数字经济年均增长 0.09%，每年为 GDP 增长贡献 0.05 个百分点，带动全要素生产率年均增长 0.03%。

在千兆光网促进经济效益提升的路径方面，课题组采用投入产出表分别评估千兆光网通过推动数字经济发展对其他行业产生的直接和间接经济价值。结果显示，千兆光网通过推动数字经济发展，对其他行业发展带来显著的正外部性。"十四五"期间，千兆光网通过推动数字经济发展每年创造直接经济价值超过 10000 亿元；千兆光网借助各行业之间的产业关联机制，推动数字经济发展每年创造的全部经济价值达 25000 亿元以上。通过推动数字经济发展，千兆光网建设创造的全部经济价值额达到 125072.54 亿元。可见，千兆光网不仅是推动数字经济发展的关键驱动力，更是提高社会全要素生产率、推动经济高质量发展的核心基础。

第一节　千兆光网用户发展预测

一、千兆光网用户发展预测模型

1. 宽带用户发展的一般规律

根据技术扩散理论，宽带用户发展一般会呈现"先起步、再加速、后趋稳"的 S 形曲线增长规律。以百兆宽带的建设为例。2010 年，工业和信息化部、国家发展和改革委员会等七部委联合印发的《关于推进光纤宽带网络建设的意见》明确了对光纤光缆企业的政策优惠，拉开了我国固网宽带新一轮提速的序幕，百兆宽带开始逐步在主要城市普及。2013 年 8 月 17 日，"宽带中国"战略实施方案由国务院发布，通过部署未来 8 年宽带发展目标及路径，将"宽带战略"上升至国家战略，加快百兆宽带建设。① 根据工业和信息化部数据，自 2010 年开始普及百兆宽带，到 2017 年我国 100Mbps 以上用户达到 1.35 亿户，2018 年净增 1.51 亿户，增幅超过 2017 年用户总额，达到 2.86 亿户，表明我国百兆宽带建设经历了先起步、再加速的增长过程。之后，我国百兆宽带建设逐渐趋于稳定，2019 年净增用户数为 0.98 亿户，2020 年净增用户数为 0.51 亿户，百兆以上宽带建设进入了"后趋稳"阶段。

宽带用户发展呈现"先起步、再加速、后趋稳"的一般规律，原因在于供给端和需求端呈现类似变化规律。从供给端来看，首先，在宽带建设初期，由于建设成本较高，相关建设技术的普及范围不够广泛，导致初期宽带建设的成本较高；其次，宽带普及范围的扩大为宽带建设带来规模经济效应，表现为宽带建设的边际成本不断下降，使得宽带建设进入快速发展阶段；最后，随着宽带用户市场趋于饱和，宽带建设在供给端增速趋于稳定。从需求端来看，首先，在宽带建设初期，由于建设成本较高，新的宽带技术对用户的吸引力不足，导致用户需求不足，限制了宽带用户的发展；其次，随着宽带建设成本的不断下降，宽带资费降低，将吸引越来越多的用户使用新的宽带技术，进一步提高宽带建设回报、促进宽带建设加速推进；最后，随着宽带用户数量的逐步增加，

---

① 中国社会科学院工业经济研究所"网络强国研究"课题组. F5G：撬动中国经济新动能——千兆固网社会经济效益报告［R］. 2019.

剩余未升级的用户往往是对网络要求不高、对宽带速度不敏感的用户，因此宽带建设增速趋于稳定。

根据宽带用户发展的一般规律，课题组认为千兆光网用户发展同样受供给端和需求端两方面的影响，也同样遵循"先起步、再加速、后趋稳"的一般规律。

2. 基础效应和政策效应加速千兆光网用户发展

千兆光网作为固网宽带发展到的第五代技术，拥有专享宽带与超高的网络质量。光纤是掺入了稀土的玻璃纤维，和传统的铜线相比，在达到相同性能的前提下，光纤网络设备体积约为传统设备的1/10，电力消耗约为传统设备的70%。基于千兆光网的以上特点，课题组认为千兆光网用户发展在遵循"先起步、再加速、后趋稳"一般规律的同时，将表现出一定的特殊性，具体表现为千兆光网用户发展快于百兆宽带用户发展，原因在于千兆光网用户发展的基础效应和政策效应。

（1）互联网宽带迅速普及、光纤化改造的快速推进为千兆光网建设提供了更好的发展基础，为千兆光网用户发展带来基础效应。

2018年，我国基本完成了全国城乡的光纤化改造，多数城市已具有宽带百兆接入能力。2020年，中国移动、中国联通、中国电信与中国铁塔股份有限公司完成固定资产投资4072亿元，相较于2019年增长11%，增速同比提高6.3%[①]。截至2021年6月，我国互联网宽带接入端口数量达到9.82亿个，比2020年底净增3563万个，比2019年底净增6590万个。其中，光纤接口（FTTH/O）端口达到9.18亿个，比2020年底净增3790万个，比2019年底净增8151万个，占比从

---

① 资料来源：工业和信息化部2020年通信业统计公报。

2019 年的 91.3%提升到 2021 年 6 月的 93.5%[①]。

从图 2-1 中可以看出，2015 年至 2021 年 7 月，互联网宽带接入用户与光纤接入端口均呈现稳定的增长趋势，至 2021 年 7 月，互联网宽带接入用户与光纤接入端口用户分别达到 51374 万户和 48416 万户，年均增长率分别达到 25.24%和 54.66%，光纤接入用户占互联网宽带接入用户的比重从 56.11%迅速增长至 94.24%，网络的更新换代在 5 年内基本完成，固定宽带家庭普及率达到 87.9%，移动宽带普及率达到 95.7%，百兆以上宽带接入用户成为主流，占比达到 85.5%[②]。

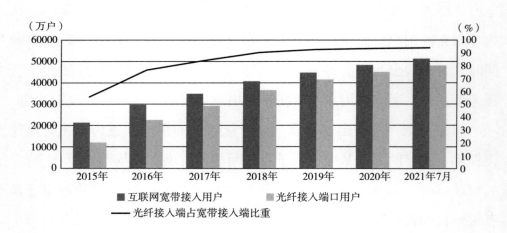

图 2-1　2015 年至 2021 年 7 月宽带与光纤用户数及其占比情况

资料来源：工业和信息化部官方网站。

2019 年 "提速降费" 的出台，进一步推动了宽带互联网发展。经

---

① 资料来源：工业和信息化部 2021 年上半年通信业经济运行情况。

② 曹淼．"宽带中国"战略实施效果评估［J］．中国信息界，2020（3）：67-70．

过 2 年时间，千兆宽带用户从 2019 年 7 月的 48.3 万户，迅速增长到 2021 年 9 月的 2134 万户（见图 2-2）。从千兆宽带接入业务的发展情况来看，截至 2020 年底，我国已经有 20 个省的 70 家省级电信运营商推出了千兆宽带商用套餐，不断推进千兆业务快速发展，加快驱动千兆光网演进。其中，中国电信有 25 家，中国移动有 28 家，中国联通有 17 家；截至 2021 年 7 月，中国电信、中国移动、中国联通的固网宽带用户数分别达 1.65 亿户、2.28 亿户、9060 万户，占比分别达 34.12%、47.15%、18.73%。

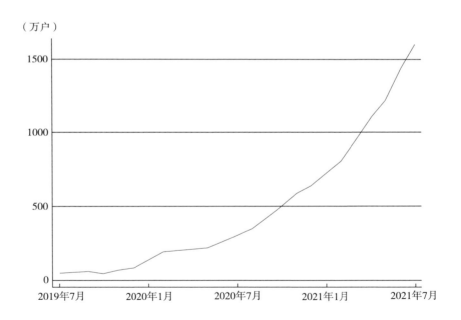

图 2-2 全国千兆光网用户数

资料来源：工业和信息化部官方网站。

因此，不同于百兆宽带用户发展面临互联网宽带普及率不高、光纤化改造程度不够等问题，千兆光网用户发展已具备坚实的发展基础，使得千兆光网用户发展快于百兆宽带。

（2）全方位、多层次政策部署助力千兆光网发展进入"快车道"，为千兆光网用户发展带来政策效应。

党的十八届五中全会通过的"十三五"规划中明确提出实施网络强国战略以及与之密切相关的"互联网+"行动计划，网络强国战略包括网络基础设施建设、信息通信业新的发展以及网络信息安全三个方面。千兆光网作为网络强国战略中网络基础设施建设的一环，是实现网络强国的必由之路。《中共中央关于制定国民经济和社会发展第十四个五年规划和二〇三五年远景目标的建议》中明确指出，我国要"坚定不移建设制造强国、质量强国、网络强国、数字中国，推进产业基础高级化、产业链现代化，提高经济质量效益和核心竞争力"，力争在 2035 年实现网络强国。"十四五"规划纲要提出，围绕强化数字转型、智能升级、融合创新支撑，布局建设信息基础设施、融合基础设施、创新基础设施等新型基础设施。建设高速泛在、天地一体、集成互联、安全高效的信息基础设施，增强数据感知、传输、存储和运算能力。加快 5G 网络规模化部署，用户普及率提高到 56%，推广升级千兆光纤网络。由此可见，"十四五"规划将千兆光网作为加快建设新型基础设施的重要组成部分。

为贯彻落实"十四五"规划中关于推广升级千兆光纤网络的新要求，各地"十四五"规划中均强调推动千兆光纤网络等新型基础设施建设。比如上海"十四五"规划中提出"大幅提升'双千兆'宽带网络承载能力，向企业和市民提供随时可取的高速率、低时延网络服务"；广东"十四五"规划中提出"深入推进高水平全光网省建设，推进千兆宽带进住宅小区、商务楼宇和各类园区，千兆宽带网络家庭普及率超过30%，打造双千兆网络标杆省"；湖北"十四五"规划中提出"建成高速宽带、无缝覆盖、智能适配的新一代信息网络，推动信息基础设施达到国内先进水平。统筹推进骨干网、城域网和接域网建设，加速光纤网络扩容，创建千兆城市"。

在各地不断落实"十四五"规划要求的基础上，各部门积极出台千兆光网相关行业政策，为推动千兆光网建设添砖加瓦。如工业和信息化部出台的《"双千兆"网络协同发展行动计划（2021—2023年）》提出"持续扩大千兆光网覆盖范围。推动基础电信企业在城市及重点乡镇进行10G-PON光线路终端（OLT）设备规模部署，持续开展OLT上联组网优化和老旧小区、工业园区等光纤到户薄弱区域光分配网（ODN）改造升级，促进全光接入网进一步向用户端延伸。按需开展支持千兆业务的家庭和企业网关（光猫）设备升级，通过推进家庭内部布线改造、千兆无线局域网组网优化以及引导用户接入终端升级等，提供端到端千兆业务体验"。

以全国"十四五"规划要求为统领，各地"十四五"规划与部门行业政策为配套，我国已基本为千兆光网建设打造了完善的制度环境，为千兆光网用户快速发展带来了政策效应。

二、千兆光网用户发展预测结果

《"双千兆"网络协同发展行动计划（2021—2023年）》（以下简称《行动计划》）要求到2021年底，千兆光纤网络具备覆盖2亿户家庭的能力，万兆无源光网络（10G-PON）及以上端口规模超过 500 万个，千兆宽带用户突破 1000 万户；到 2023 年底，千兆光纤网络具备覆盖 4 亿户家庭的能力，10G-PON 及以上端口规模超过 1000 万个，千兆宽带用户突破 3000 万户。此外，《行动计划》要求展开"百城千兆"建设工程，组织开展千兆城市评价，定期评估千兆城市建设成效，要求到 2021 年底，全国建成 20 个以上千兆城市，到 2023 年底，全国建成 100 个以上千兆城市，实现城市家庭千兆光网覆盖率达到 80% 以上。因此，未来 5 年将会是千兆光网发展的关键时期。

1. "十四五"时期千兆光网发展预测

随着我国系统布局新型基础设施建设，千兆光纤网络水平稳步提升，"十四五"时期要推广升级千兆光网，扩容骨干网互联节点，实施基础网络完善工程。考虑到数据的可得性，本书利用工业和信息化部网站所公布的 2019 年 7 月至 2021 年 7 月的 1000M 速率以上用户的月度数据，分别在 90%、95%、99% 的置信区间对"十四五"时期千兆光网用户数进行估计。

课题组采用三次指数平均算法，利用千兆光网用户数的时间序列数据进行预测。由于时间序列数据一般具有一定的趋势性、周期性与波动性，三次指数平均算法在一次指数平滑与二次指数平滑算法上保留周期性与波动性特征，使得其可以预测带有周期性的时间序列。

假定时间 t 的千兆光网用户数为 $F5G_t$，时间 t 的千兆光网用户数预测数为 $\widehat{F5G_t}$，则时间 $t+1$ 的千兆光网用户数一次指数平滑预测数

$\widehat{F5G}_{t+1}$ 为：

$$\widehat{F5G}_{t+1} = \alpha F5G_t + (1-\alpha)\widehat{F5G}_t$$

其中，$\alpha \in [0, 1]$，α 越大，最近时间点的观测值对预测值的影响越大。

在此基础上重复进行指数平滑，则可得到三次指数平滑预测，计算公式为：

$$\widehat{F5G}_{t+1}^{(1)} = \alpha F5G_t + (1-\alpha)\widehat{F5G}_t^{(1)}$$

$$\widehat{F5G}_{t+1}^{(2)} = \beta \widehat{F5G}_t^{(1)} + (1-\beta)\widehat{F5G}_t^{(2)}$$

$$\widehat{F5G}_{t+1}^{(3)} = \gamma \widehat{F5G}_t^{(2)} + (1-\gamma)\widehat{F5G}_t^{(3)}$$

三次指数平滑预测模型为：

$$\widehat{F5G}_{t+1} = a_t + b_t T + c_t T^2$$

其中，

$$a_t = 3\widehat{F5G}_t^{(1)} - 3\widehat{F5G}_t^{(2)} + \widehat{F5G}_t^{(3)}$$

$$b_t = \frac{\alpha}{2(1-\alpha)^2}\left[(6-5\alpha)\widehat{F5G}_t^{(1)} - 2(5-4\alpha)\widehat{F5G}_t^{(2)} + (4-3\alpha)\widehat{F5G}_t^{(3)}\right]$$

$$c_t = \frac{\alpha^2}{2(1-\alpha)^2}\left(\widehat{F5G}_t^{(1)} - 2\widehat{F5G}_t^{(2)} + \widehat{F5G}_t^{(3)}\right)$$

利用三次指数平滑模型测算，预测结果如表 2-1 所示，其中，上侧的置信上限表示未来趋势的上限不会超过此线，下侧的置信下限表示未来预测的下限不会低于此线，两线之间的区域为置信区间，表示未来趋势可能在此区域中波动，中间的趋势预测线表示未来趋势会以较大可能依此线的趋势发展。根据预测，我国"十四五"时期，千兆光网用户数将达到 36624.25 万户（见图 2-3）。

表2-1 "十四五"时期千兆光网用户数预测值

单位：万户

年份	90%的置信区间			95%的置信区间			99%的置信区间		
	趋势预测	置信下限	置信上限	趋势预测	置信下限	置信上限	趋势预测	置信下限	置信上限
2021	2589.86	2241.63	2938.09	2589.86	2174.92	3004.80	2589.86	2044.53	3135.19
2022	10045.45	8592.27	11498.63	10045.45	8313.88	11777.02	10045.45	7769.78	12321.12
2023	19123.80	16138.00	22109.59	19123.80	15566.00	22681.59	19123.80	14448.06	23799.53
2024	29019.49	24172.62	33866.36	29019.49	23244.09	34794.89	29019.49	21429.32	36609.65
2025	36624.25	29638.23	43610.26	36624.25	28299.89	44948.60	36624.25	25684.19	47564.30

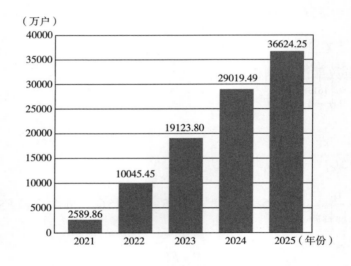

图2-3 "十四五"时期千兆光网用户数预测

2. 2021~2035年我国基本实现现代化时期千兆光网发展预测

《中华人民共和国国民经济和社会发展第十四个五年规划和2035年远景目标纲要》中指出，至2035年，我国要"推广升级千兆光纤网络。前瞻布局6G网络技术储备。扩容骨干网互联节点，新设一批国际通信出入口"①。因此，根据当前千兆光网的发展情况，分别在 90%、95%、99% 的置信区间对 2021~2035 年千兆光网用户数进行估计（见表 2-2）。根据预测，2021~2035 年，千兆光网用户数将达到 49065.60 万户（见图 2-4）。

表 2-2　2021~2035 年千兆光网用户数预测值

单位：万户

年份	90% 的置信区间			95% 的置信区间			99% 的置信区间		
	趋势预测	置信下限	置信上限	趋势预测	置信下限	置信上限	趋势预测	置信下限	置信上限
2021	2589.86	2241.63	2938.09	2589.86	2174.92	3004.80	2589.86	2044.53	3135.19
2022	10045.45	8592.27	11498.63	10045.45	8313.88	11777.02	10045.45	7769.78	12321.12
2023	19123.80	16138.00	22109.59	19123.80	15566.00	22681.59	19123.80	14448.06	23799.53
2024	29019.49	24172.62	33866.36	29019.49	23244.09	34794.89	29019.49	21429.32	36609.65
2025	36624.25	29638.23	43610.26	36624.25	28299.89	44948.60	36624.25	25684.19	47564.30
2026	41373.68	33481.71	49265.64	41373.68	31969.82	50777.53	41373.68	29014.92	53732.44
2027	44153.99	35731.68	52576.29	44153.99	34118.19	54189.79	44153.99	30964.72	57343.26
2028	46296.68	37465.66	55127.69	46296.68	35773.87	56819.48	46296.68	32467.36	60125.99
2029	47747.91	38640.07	56855.75	47747.91	36895.25	58600.57	47747.91	33485.10	62010.72
2030	48393.40	39162.44	57624.37	48393.40	37394.03	59392.78	48393.40	33937.77	62849.03
2031	48606.93	39335.23	57878.62	48606.93	37559.02	59654.83	48606.93	34087.51	63126.34
2032	48770.89	39467.92	58073.86	48770.89	37685.71	59856.06	48770.89	34202.50	63339.27
2033	48891.71	39565.70	58217.73	48891.71	37779.07	60004.35	48891.71	34287.23	63496.19
2034	48990.00	39645.23	58334.77	48990.00	37855.02	60124.97	48990.00	34356.16	63623.84
2035	49065.60	39706.41	58424.79	49065.60	37913.44	60217.76	49065.60	34409.18	63722.02

① 国家发展和改革委员会．《中华人民共和国国民经济和社会发展第十四个五年规划和 2035 年远景目标纲要》辅导读本［M］．北京：人民出版社，2021.

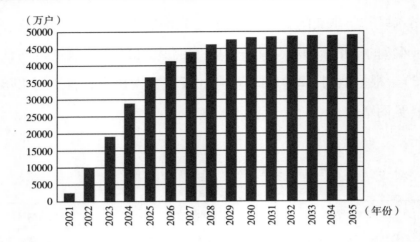

图 2-4　2012~2035 年千兆光网用户数预测

综上，随着我国系统布局新型基础设施建设，千兆光纤网络水平稳步提升，预测我国"十四五"时期，千兆光网用户数将达到36624.25 万户。预测 2021~2035 年，千兆光网用户数将达到 49065.60 万户。

第二节　我国千兆光网对数字经济发展的贡献

《二十国集团数字经济发展与合作倡议》将数字经济定义为"以使用数字化的知识和信息作为关键生产要素、以现代信息网络作为重要载体、以信息通信技术的有效使用作为效率提升和经济结构优化的重要推动力的一系列经济活动"。数字经济包含数字产业化和产业数字化。千兆光网所承载的新一代信息通信网络发展，不仅为数字经济核心产业的发展和产业数字化转型奠定基础，更为经济转型升级注入新动能、提供新模式、发挥新作用。具体而言，千兆光网对数字经济的影响包含两个方面：一方面，千兆光网为产业数字化提供数字技术、基础设施和解决方案，属于数字经济的核心产业，本身是数字产业化的重要组成部分。千兆光网的快速发展是数字经济发展的重要动力。另一方面，千兆光网以其传输带宽大、抗干扰性强等优势更适合室内和一些复杂环境。在企业应用方面，企业高质量专线、企业上云、全光园区的应用正在快速发展，支撑交通、电力、油气、金融等国家支柱产业数字化转型。在工业应用方面，工业光网促进工业互联网能力提升，实现高带宽、抗电磁干扰等稳定绿色节能网络，打造各环节信息通道，推动工业生产数字化。在服务业应用方面，千兆光网能够促使企业快速、精准把握消费者的个性化服务需求，降低服务延迟，推动服务业数字化。

一、数字经济的内涵界定

1. Bukht 和 Heeks 的三层次数字经济

Bukht 和 Heeks（2017）将数字经济划分为三个层次，其定义范围也被联合国贸易与发展会议的《2019 年数字经济报告》采纳，具有一定的国际共识性。他们认为，完全或者主要由基于数字产品或服务的商业模式的数字技术所引起的那部分产出就是数字经济，分为三个层次：核心部门或者数字部门（Digital Sector），即传统信息技术产业，包括软件制造业、信息服务等行业；狭义的数字经济（Digital Economy），即除了核心部门外，还包括因信息与通信技术（ICT）而产生的新的商业模式，如平台经济、共享经济、数字服务等；广义的数字经济——数字化经济（Digitalized Economy），包括一切基于数字技术的经济活动，即除了狭义的数字经济外，还包括工业4.0、精准农业、电子商务等①。

2. 美国商务部经济分析局的数字经济定义

2018年3月，美国商务部经济分析局（BEA）发布工作文件《数字经济的定义和衡量》，将数字经济界定为以互联网及相关的通信技术为基础的经济活动，提出"数字经济主要指向互联网以及相关的信息与通信技术（ICT）"。美国的数字经济统计方法很明确、具体，主要包括三大方面：数字基础设施（Digital-Enabling Infrastructure），包括计算机软硬件、通信设备和服务、建筑、物联网和支持服务等；电子商务（E-Commerce），是指广义上所有通过计算机网络进行的商品和服务的购买和销售行为，包括电子下单、电子交付和平台支持交易等，包括B2B、B2C、P2P（共享经济）；数字媒体（Digital Media），指的是人们通过电子设备创造、访问、存储或阅读的内容，包括直接销售的数字媒体、免费数字媒体。

3. 中国信息通信研究院的数字经济"四化"框架

中国信息通信研究院发布的《中国数字经济发展白皮书（2020年）》中指出，数字经济是以数字化的知识和信息作为关键生产要素，以数字技术为核心驱动力量，以现代信息网络为重要载体，通过数字技术与实体经济深度融合，不断提高经济社会的数字化、网络化、

---

① Bukht R., Heeks R. Defining, Conceptualising and Measuring the Digital Economy ［R］. University of Manchester, Development Informatics Working Paper, No. 68, 2017.

智能化水平，加速重构经济发展与治理模式的新型经济形态，并提出数字经济"四化"框架：数字产业化和产业数字化重塑生产力，是数字经济发展的核心；数字化治理引领生产关系深刻变革，是数字经济发展的保障；数据价值化重构生产要素体系，是数字经济发展的基础。

4. 国家统计局《数字经济及其核心产业统计分类（2021）》

国家统计局依据 G20 杭州峰会提出的《二十国集团数字经济发展与合作倡议》，以及《中华人民共和国国民经济和社会发展第十四个五年规划和 2035 年远景目标纲要》《国家信息化发展战略纲要》《关于促进互联网金融健康发展的指导意见》等政策文件，提出数字经济是指以数据资源作为关键生产要素、以现代信息网络作为重要载体、以信息通信技术的有效使用作为效率提升和经济结构优化的重要推动力的一系列经济活动。将数字经济产业范围确定为数字产品制造业、数字产品服务业、数字技术应用业、数字要素驱动业、数字化效率提升业 5 个大类。数字经济核心产业是指为产业数字化发展提供数字技术、产品、服务、基础设施和解决方案，以及完全依赖于数字技术、数据要素的各类经济活动。5 个大类中的前 4 类属于数字经济核心产业，即数字产业化部分，主要包括计算机通信和其他电子设备制造业、电信广播电视和卫星传输服务、互联网和相关服务、软件和信息技术服务业等，是数字经济发展的基础；第 5 大类为产业数字化部分，是指应用数字技术和数据资源为传统产业带来的产出增加和效率提升，是数字技术与实体经济的融合。

二、数字经济产业发展情况

信息通信技术作为世界各国推动可持续发展的基础，逐渐成为各国为增强国力的必然选择、推动经济增长的新动力。许宪春、张美慧（2020）通过构建数字经济规模核算框架，界定数字经济核算范围，确定数字经济产品，筛选数字经济产业，对 2007~2017 年中国数字经济增加值与总产出等指标进行测算发现，2017 年，中国数字经济增加值 53028.85 亿元，占国内生产总值的 6.46%；数字经济总产出 147574.05 亿元，占国内总产出的 6.53%。与美国、澳大利亚相比，2017 年，中国数字经济增加值约为美国的 58.12%，数字经济增加值占 GDP 的比重低于美国 0.44 个百分点；2016 年，中国数字经济增加值约为美国的 52.77%，占 GDP 的比重低于美国 0.77 个百分点，略高于澳大利亚 0.03 个百分点。近年来，中国数字经济增加值年均实际增长率明显高于美国和澳大利亚。2008~2017 年，中国数字经济增加值年均实际增长率达 14.43%，明显高于国内生产总值年均实际增长率 8.27%，数字经济推动经济增长的作用明显[①]。

2020 年，尽管面临全球新冠肺炎疫情，数字经济依旧保持蓬勃发展态势，规模达到 39.2 万亿元，相较于 2019 年增加了 3.3 万亿元，占 GDP 的比重达到 38.6%，同比提升 2.4%，增速达到 9.7%，是同期 GDP 名义增速的 3 倍多，成为稳定经济增长的关键动力。具体分类来看，数字产业化规模达到 7.5 万亿元，占数字经济比重的 19.1%，占 GDP 的 7.3%；产业数字化规模达到 31.7 万亿元，占数字经济比重的 80.9%，占 GDP 的 31.2%。其中，产业数字化中，农业、工业、服务业数字经济渗透率分别为 8.9%、21% 和 40.7%，同比分别增长 0.7%、

---

① 许宪春，张美慧. 中国数字经济规模测算研究——基于国际比较的视角［J］. 中国工业经济，2020（5）：23-41.

1.6%和2.9%（中国信息通信研究院，2021）[①]。

数字经济区域发展也取得显著进展。2020年，广东、江苏、山东、浙江、上海、北京、福建、湖北、四川、河南、河北、湖南、安徽13个省、市的数字经济规模超过1万亿元；重庆、辽宁、江西、陕西、广西、天津、云南、贵州8个省份的数字经济规模超过5000亿元。其中，北京、上海数字经济占GDP的比重分别达到55.9%和55.1%，居于全国首位；天津、广东、浙江、福建、江苏、山东、湖北、重庆等省、市的数字经济占比超过全国平均水平；贵州、重庆与福建的数字经济增速均超过15%，位于全国前列；湖南、四川、江西、浙江、广西、安徽、河北、山西等省份的数字经济增速均超过10%（中国信息通信研究院，2021）。

三、千兆光网对数字经济发展的影响

党的十九大提出"我国经济已由高速增长阶段转向高质量发展阶段"，同时强调"建设现代化经济体系是跨越关口的迫切需要和我国发展的战略目标"，这说明我国当前正处于转变发展方式、优化经济结构、转化增长动力的攻关期。随着我国进入新发展阶段，应如何转变发展方式、实现经济高质量发展成为学术界关注的核心问题。数字经济以数字化的知识和信息为关键生产要素、以现代信息网络为载体、以信息通信技术为推动力，目标是实现效率提升和经济结构优化，是我国在新发展阶段转变发展方式、实现经济高质量发展的重要动力。千兆光网建设通过大幅提升现代信息网络传输速度，带动提高知识和

[①]　资料来源：2021年中国信息通信研究院发布的《中国数字经济发展白皮书》。

信息的数字化效率，推动信息通信技术向更高水平发展，可有效推动数字经济快速发展。可以认为，通过推动数字经济发展是千兆光网推动经济增长的重要机制。

千兆光网的发展不仅能推动电信产业的发展，更能推动终端设备、终端服务的发展，最终实现信息通信的全面发展，新模式、新业态的涌现促使数字经济持续壮大。千兆光网驱动数字经济发展主要体现在两个方面：第一，千兆光网助力传统企业实现数字化转型。新一轮信息技术的快速发展致使新业态、新模式对传统产业造成冲击，只有利用数字化转型不断降成本、增效益、补短板，才能使传统企业持续提升自身竞争力。互联网的传输速度、稳定性以及安全性都会直接影响企业运营效率，进而影响企业的运营效益，而千兆光网以其自身优势能够满足企业对互联网的要求，从而成为传统产业企业数字化转型的必经之路。第二，千兆光网催生新产业。数字经济大发展时期，千兆光网将会应用于 8K 视频、VR 以及工业互联网等场景，而由 VR、工业互联网所延伸出的多种网络应用领域，不仅包括智慧家庭、VR 游戏、VR 电影等领域，还包括互联网教育、远程教育、智慧医疗以及与人工智能相结合的技术改变传统制造业生产模式等领域。

当前，我国千兆网络基础设施建设已具有一定规模，逐渐成为我国网络基础设施建设的优势，千兆光网用户数量的指数型增长，为国家发展数字经济奠定了良好的基础。那么当前千兆光网的发展如何影响数字经济发展，在"十四五"时期和 2021～2035 年我国基本实现社会主义现代化阶段千兆光网的发展又将如何影响数字经济的发展，都成为亟待解答的问题。

为了深入分析千兆光网的发展对数字经济发展的现实影响，本书构建以数字经济发展为被解释变量，千兆光网发展为核心解释变量，同时包括重要控制变量的实证模型，即：

$$\ln Digit_{it} = \alpha + \beta_1 \ln user_{it} + \gamma \ln X_{it} + \theta_i + \delta_t + \varepsilon_{it}$$

其中，i 和 t 分别代表省份和年份；θ_i 和 δ_t 分别代表不可观测的个体和时间固定效应，ε_{it} 代表随机误差项；$Digit$ 表示数字经济发展程度；$user$ 表示千兆光网用户数；X 是控制变量；α 是常数项，γ 是各解释变量和控制变量的系数。为避免异方差和时间趋势因素对模型的影响，均对变量进行对数处理。

基于前文的分析，Bukht 和 Heeks（2017）以核心层、狭义层与广义层对数字经济进行定义；美国商务部经济分析局将数字经济定义为数字基础设施、电子商务、数字媒体的集合；中国信息通信研究院从数字产业化、产业数字化、数字化治理与数据价值化对数字经济内涵进行解释。除此之外，国家统计局依据 G20 杭州峰会提出的《二十国集团数字经济发展与合作倡议》，以及《中华人民共和国国民经济和社会发展第十四个五年规划和 2035 年远景目标纲要》《国家信息化发展战略纲要》《关于促进互联网金融健康发展的指导意见》等政策文件确定数字经济的基本范围，出台了《数字经济及其核心产业统计分类（2021）》。这一文件作为国内对数字经济最为权威的界定，在实际统计过程中存在数据可得性的问题。

本节分两步对省级数字经济规模进行估计：首先，将《数字经济及其核心产业统计分类（2021）》与全国投入产出表进行匹配，发现数字经济的核心产业，即数字产业化主要集中于通信设备、计算机和其他电子设备以及信息传输、软件和信息技术服务两类产业；其次，以中国信息通信研究院发布的《中国数字经济发展白皮书》估计的全国数字经济规模为基础，按照各省份通信设备、计算机和其他电子设备以及信息传输、软件和信息技术服务两类产业占全国的比重估算各省份的数字经济规模。

关于千兆光网发展程度的衡量，主要可以用三大运营商的 OTN 站点数与 1000M 速率以上用户数来衡量。但考虑到数据的可得性、可靠性与可应用性，本节仅用 1000M 速率以上用户数对千兆光网发展程度进行衡量。

本节主要选取以下控制变量，研发人员数量（$rdempl$）：利用 R&D 就业人数占总就业人数的比重来衡量；研发投入（rd）：利用 R&D 经费支出占各地区 GDP 的比重来反映科技研发投入情况；技术流动性（sc）：采用各省份的技术市场成交额与 GDP 的比值来衡量；外商直接投资（fdi）：利用地区实际利用外资总额占各地区 GDP 的比重来衡量；财政支出（$fiscal$）：利用各地地方财政科学技术支出占各地财政一般预算支出的比重来衡量。

本节的实证数据为 2019～2020 年我国 30 个省级行政区的面板数据，由于相关数据不完整，剔除西藏、台湾、香港与澳门。本节所涉及的被解释变量与解释变量原始数据来自《中国统计年鉴》《中国科技统计年鉴》、中国互联网络信息中心（CNNIC）、企研数据——数字经济产业专题数据库、工业和信息化部和各省市通信管理局官方网站，以及部分省市的"十四五"信息通信行业发展规划。本节依据工业和信息化部公布的《2020 年通信业年度统计数据》中的 2019～2020 年全国千兆光网总用户数，以及各省（自治区、直辖市）的百兆光网用户数的占比及增长率，估算得到 2019~2020 年千兆光网用户的省级面板数据。表 2-3 中显示了变量的描述性统计分析结果。

表 2-3　变量的描述性统计分析

变量名称	观测值	均值	标准差	最小值	最大值
千兆光网	56	0.8183	2.0182	-2.3026	4.9822
数字经济	60	8.7760	1.1921	6.4868	11.4085
国内生产总值	60	10.0969	0.8651	7.9950	11.6151
研发人员数量	60	-7.7637	0.9698	-9.9315	-5.6778
研发投入	60	-4.7058	0.6647	-6.9783	-3.7779
外商直接投资	60	-5.5105	0.7313	-6.7640	-4.0896
技术流动性	60	-4.5715	1.3673	-7.9869	-1.8263
财政支出	60	4.7649	1.1351	2.1284	7.1856

千兆光网影响数字经济的实证结果如表 2-4 所示。表 2-4 中的（1）和（2）分别显示无论是否添加控制变量的实证结果，结果均显示千兆光网的发展能够在极大程度上促进数字经济的发展，千兆光网用户数每增加 1%，将推动数字经济发展 0.03%。

表 2-4　千兆光网对数字经济发展的实证结果

变量	（1）	（2）
千兆光网	0.0317***	0.0282***
	（0.0031）	（0.0043）
研发人员数量	—	0.0649
		（0.0866）

变量	（1）	（2）
研发投入	—	−0.0341 （0.0253）
外商直接投资	—	0.0515 （0.0433）
技术流动性	—	0.0053 （0.0196）
财政支出	—	0.0024 （0.0705）
常数项	8.8427*** （0.0046）	9.4811*** （0.9636）
观测值	56	56
R-squared	0.806	0.845

注：括号内的数值为标准误；＊＊＊、＊＊和＊分别代表通过1%、5%和10%显著性水平的检验。

结合前文千兆光网用户预测结果与表2-4中的实证结果，可以估计千兆光网对数字经济的贡献程度。表2-5给出了千兆光网带动数字经济发展的估计结果。第1列为每年新增千兆光网用户数。结果显示，千兆光网用户发展符合"先起步、再加速、后趋稳"的一般规律，"十四五"时期我国千兆光网呈迅速增长趋势，千兆光网用户数每年平均新增7196.85万户，之后千兆广网用户发展进入稳定期，表现为每年新增千兆光网用户数趋于稳定。第2列为每年新增千兆光网用户数对当年数字经济的带动结果。由于每年新增千兆光网用户数遵循"先起步、再加速、后趋稳"的一般规律，使得每年新增千兆光网用户数带动当年数字经济的产值也符合这一规律。"十四五"时期每年新增千兆光网用户数平均带动当年数字经济产值达17.99万亿元。2026~2035年，千兆光网用户数平均每年新增1244.14万户，平均每年带动数字经济产值达 3.11 万亿元。第 3 列为千兆光网用户发展对数字经济的累计带动结果。千兆光网建设对数字经济的带动作用具有长期性、累积性。"十四五"时期千兆光网建设累计带动数字经济产值达 89.96 万亿元。至 2035 年，千兆光网建设累计带动数字经济产值达 121.06 万亿元。

表 2-5　2021~2035 年千兆光网建设对数字经济的影响预测

年份	新增千兆光网用户数（万户）	每年带动数字经济产值（万亿元）	累计带动数字经济产值（万亿元）	数字经济占比（%）	分阶段年均贡献（%）
2021	1949.86	4.78	4.78	38.60	
2022	7455.59	18.64	23.51	41.56	
2023	9078.35	22.70	46.21	44.51	1.89
2024	9895.69	24.24	70.95	47.47	
2025	7604.76	19.01	89.96	50.43	
2026	4749.43	11.87	101.83	53.39	
2027	2780.31	6.95	108.78	56.34	
2028	2142.69	5.36	114.14	59.30	
2029	1451.23	3.63	117.77	62.26	
2030	645.49	1.61	119.38	65.21	
2031	213.53	0.53	119.92	68.17	0.05
2032	163.96	0.41	120.33	71.13	
2033	120.82	0.30	120.63	74.09	
2034	98.29	0.25	120.88	77.04	
2035	75.60	0.19	121.06	80.00	

结合新增千兆光网用户数以及数字经济在 GDP 中所占比重变化，可以得出数字经济在 2021~2035 年对经济增长的贡献。表 2-5 中显示，到 2035 年，数字经济在 GDP 中的比重达到 80.00%。与传统技术

进步的影响类似，作为新一代信息通信基础设施，千兆光网预计将经历由爆发至稳定的发展阶段，通过推动数字经济发展对经济增长的贡献同样将经历由爆发至稳定的转变过程。"十四五"期间，由于千兆光网呈现爆发式增长，通过推动数字经济发展平均每年为 GDP 贡献 1.89 个百分点。2026~2035 年，随着千兆光网增长趋势趋于平稳，用户数量趋于饱和，千兆光网通过推动数字经济发展平均每年为 GDP 贡献 0.05 个百分点。

综上，通过大幅提升现代信息网络传输速度，带动提高知识和信息的数字化效率，推动信息通信技术向更高水平发展，千兆光网可有效推动数字经济快速发展。千兆光网用户数每增加 1%，将推动数字经济发展 0.03%；"十四五"时期千兆光网建设每年为 GDP 贡献 1.89 个百分点，累计带动数字经济产值达 89.96 万亿元。2026~2035 年，千兆光网建设的影响趋于稳定，每年为 GDP 贡献 0.05 个百分点。至 2035 年，千兆光网建设累计带动数字经济产值达 121.06 万亿元。

第三节　我国千兆光网发展对经济效率的贡献

千兆光网的发展不仅能够带动数字经济的快速发展，还能够推动经济效率的提升，提高全要素生产率。随着千兆光网深入行业应用，如教育信息化光纤到校园，政务数字化全光智慧城市、工业互联网光纤到机器等，能够推动更多行业实现数字化转型。刘飞（2020）提出数字化转型通过直接机制、间接机制以及互补机制对经济效率产生影响，其中，直接机制是指数字化转型作为一种驱动因素，与其他因素相互独立，并且作为生产要素的一部分直接对生产率产生影响，同时没有改变其他要素投入的影响；间接机制是指数字化转型通过影响其他因素，改变其他要素投入的效率或使用方式，通过其他因素对生产率产生影响；互补机制是指数字经济与其他影响因素共同对生产效率产生影响①。无论是直接机制、间接机制还是互补机制，千兆光网都能通过数字化转型对经济效率产生影响。因此，在当前所处的阶段，如何利用千兆光网的发展改进经济效率问题显得尤为迫切和重要。

一、我国全要素生产率的变化趋势

本书利用2008~2019年《中国统计年鉴》，各省份统计年鉴以及国家统计局官方网站的原始数据，采用 Olley-Pakes（OP 法）、Levin-sohn-Petrin（LP 法）、Ackerberg-Caves-Frazer 修正（ACF 法）以及 Wooldridge 估计（WRDG 法）对我国省级全要素生产率进行测算。结果如图 2-5 所示。

尽管各省份的全要素生产率都略有波动，但是总体呈现较为缓慢的上升趋势。这与我国当前经济发展阶段较为适应，比较符合我国经济进入新常态时的阶段性规律。在当前乃至今后相当长的一段时间内，我国经济增长仍将主要依赖于要素投入增长，这意味着不能忽视投入的重要性，尤其是包含千兆光网在内的新型基础设施建设的投资，将会有力驱动经济效率的提升。

---

① 刘飞. 数字化转型如何提升制造业生产率——基于数字化转型的三重影响机制〔J〕. 财经科学，2020（10）：93-107.

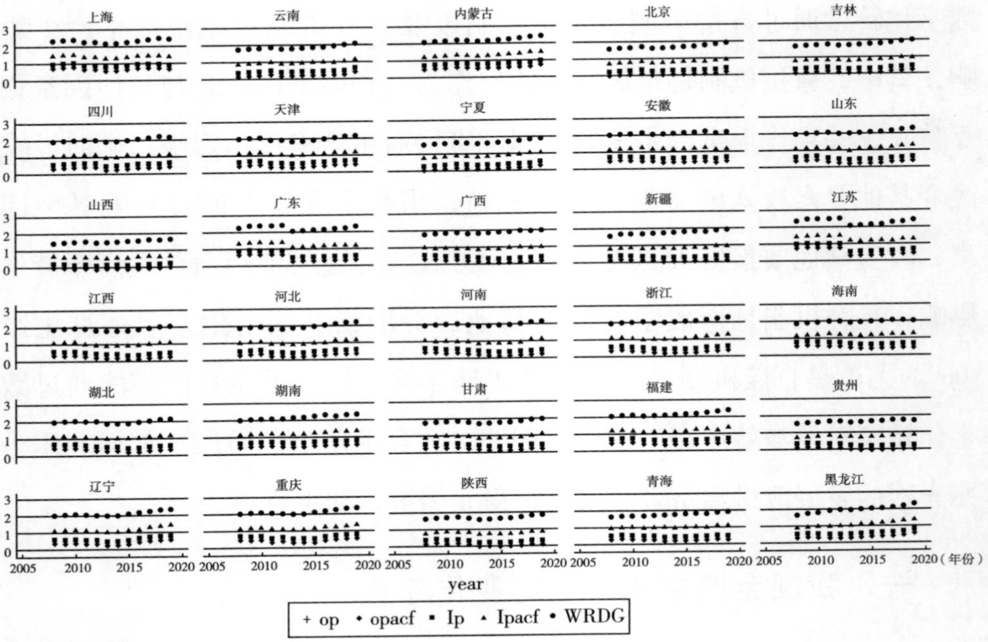

+ op • opacf ▪ lp ▴ lpacf • WRDG

Graphs by province

图2-5 2008~2019年我国省级全要素生产率变动趋势

资料来源：作者自行计算得到。

二、千兆光网发展对经济效率的影响

随着我国经济发展进入新阶段，政府大力推进资源优化配置，经济发展方向由高速增长向高质量发展转变，从而实现效率型经济增长。一方面，千兆光网发展能够推进企业效率提升。在当前大力发展新型基础设施建设的背景下，加快现代互联网技术的普及与推广，推动数字化技术与传统产业相结合，不仅能够推动工业互联网的发展，更能够推进制造业升级，加速制造业向智能化、科技化转型，从而进一步提升效率。另一方面，千兆光网发展为数据要素提供技术支持。当前，数据要素成为决定未来工业化水平的重要生产要素，互联网基础设施建设为数据要素积累提供关键技术支持。千兆光网的发展能不断降低数据搜寻成本、提供数据安全性保障、提升数据传输能力以及明晰数据所有权，这些都对企业经济效率的提升具有重要的作用。

本书以五类全要素生产率作为被解释变量，考察千兆光网发展对经济效率的影响，实证结果如表 2-6 所示。结果显示，千兆光网用户数每增加 1%，能推动全要素生产率增加约 0.01%。

表 2-6 千兆光网对全要素生产率的实证结果

变量	（1） TFP_OP	（2） TFP_OPACF	（3） TFP_LP	（4） TFP_LPACF	（5） TFP_WRDG
千兆光网	0.0118** （0.0048）	0.0095** （0.0046）	0.0118** （0.0048）	0.0091* （0.0046）	0.0136*** （0.0047）
研发人员数量	−0.1341 （0.0982）	−0.1196 （0.0928）	−0.1310 （0.0972）	−0.1209 （0.0937）	−0.1371 （0.0963）
研发投入	0.0043 （0.0287）	0.0063 （0.0271）	0.0043 （0.0284）	0.0068 （0.0273）	0.0025 （0.0281）
外商直接投资	−0.0098 （0.0491）	−0.0076 （0.0464）	−0.0091 （0.0486）	−0.0081 （0.0468）	−0.0096 （0.0481）
技术流动性	−0.0196 （0.0223）	−0.0193 （0.0211）	−0.0193 （0.0221）	−0.0196 （0.0213）	−0.0185 （0.0219）
财政支出	0.0925 （0.0799）	0.0764 （0.0755）	0.0902 （0.0791）	0.0758 （0.0762）	0.1025 （0.0784）
常数项	−0.4453 （1.0933）	−0.8047 （1.0325）	−0.3671 （1.0813）	−1.0375 （1.0427）	0.4784 （1.0722）
观测值	56	56	56	56	56
R−squared	0.476	0.407	0.478	0.385	0.551

注：括号内的数值为标准误；***、**和*分别代表通过 1%、5%和 10%显著性水平的检验。

结合本章预测的未来千兆光网用户数变化情况，可以估计 2021～2035 年千兆光网对全要素生产率的贡献，具体如表 2-7 所示。由表可见，2021～2035 年我国千兆光网对经济效率的影响呈先爆发后稳定的变化趋势。"十四五"时期作为千兆光网的快速发展期，每年千兆光网用户数增速较高，对全要素生产率的影响较高，平均每年能够带动全要素生产率提升近 1.70 个百分点。之后，随着千兆光网用户数占比趋于饱和，对全要素生产率的影响也趋于稳定，2026～2035 年千兆光网平均每年带动全要素生产率提升 0.03 个百分点。

表 2-7 2021～2035 年千兆光网对全要素生产率的贡献率   单位：%

年份	千兆光网增速	全要素生产率增速	分阶段年均贡献
2021	304.67	3.4001	
2022	287.88	3.2127	
2023	90.37	1.0086	1.6983
2024	51.75	0.5775	
2025	26.21	0.2925	
2026	12.97	0.1447	
2027	6.72	0.0750	
2028	4.85	0.0542	
2029	3.13	0.0350	
2030	1.35	0.0151	0.0339
2031	0.44	0.0049	
2032	0.34	0.0038	
2033	0.25	0.0028	
2034	0.20	0.0022	
2035	0.15	0.0017	

综上，千兆光网一方面能够推进企业效率提升，另一方面为数据

要素提供技术支持。因此，千兆光网用户数每增加 1%，能推动全要素生产率增加约 0.01%。"十四五"期间，快速发展的千兆光网每年带动全要素生产率提升近 1.70 个百分点；2026～2035 年，千兆光网增速趋于稳定，每年带动全要素生产率提升 0.03 个百分点。短期内我国千兆光网的发展有利于大幅提升全要素生产率，但长期来看，千兆光网发展对全要素生产率的提升作用趋于稳定。

第四节　我国千兆光网发展对经济增长的贡献

千兆光网经过五代发展，在传输性能、传输效率以及安全性能等方面全面超越传统宽带网络。因此，千兆光网在推动数字经济发展、提升经济效率的基础上，成为驱动经济增长的新动能。

一、千兆光网发展对经济增长的影响

千兆光网作为重要的新一代信息技术基础设施，其建设力度的增加、覆盖面的扩大都能够通过乘数效应带来多于投资额数倍的国民增长。千兆光网所属的信息产业蕴含着技术进步，是经济增长的源泉。根据经济增长理论，资本、劳动力与技术进步是经济增长最主要的来源，生产过程中不仅需要各项生产要素的有效分配，技术知识也是重要的资源。一方面，千兆光网的发展提高了资源配置效率。千兆光网改进了传统产业生产模式，拓宽了产品与服务的销售渠道，最大限度地释放了生产力，更好地满足了市场需求。此外，千兆光网促进"数字城市""智慧城市""智慧园区""工业互联网"的建设，促使政府、园区以及企业的各项决策都更加具有时效性与科学性，进而推动产业结构优化、经济稳定增长。另一方面，千兆光网的发展创造了新就业岗位。千兆光网催生的新产业、新业态能够创造新就业岗位、吸纳剩余劳动力，尤其是"互联网+服务业"模式，降低创业门槛，能够吸纳大量制造业数字化转型过程中被机器人、人工智能所替代的劳动力，进一步有利于经济的平稳增长。陈金桥（2013）研究发现，据欧盟、美国和日本等国家或地区的相关研究成果表明，固定宽带普及率每提高10%，将带动 GDP 增长 1 个百分点；互联网普及率每提高 10个百分点，将带动 GDP 增长 1.3 个百分点；固定宽带速率每提升一倍，可提升 GDP0.3 个百分点[①]。从 2013 年至今，FTTH/O 光纤接入端口从 1.15 亿个骤增至 8.8 亿个，普及率从 32%提升至 93%，光纤用户占互联网宽带用户的比重也随之呈现指数型上升趋势。

本书以地区生产总值的自然对数值作为被解释变量，考察千兆光网发展对经济增长的影响，实证结果如表 2-8 所示。结果显示，千兆光网用户数每增加 1%，能带动 GDP 增加 0.01%。

表 2-8　千兆光网发展对经济增长的实证结果

变量	(1)	(2)
千兆光网	0.0102 *** (0.0020)	0.0088 *** (0.0027)

---

① 陈金桥. 数字化时代：信息通信业的新增长浪潮 [J]. 北京邮电大学学报（社会科学版），2013，15（6）：52-54，60.

续表

变量	（1）	（2）
研发人员数量	—	−0.0824 （0.0552）
研发投入	—	−0.0053 （0.0161）
外商直接投资	—	0.0050 （0.0276）
技术流动性	—	−0.0135 （0.0125）
财政支出	—	0.0542 （0.0450）
常数项	10.1632*** （0.0030）	9.2107*** （0.6148）
观测值	56	56
R−squared	0.500	0.621

注：括号内的数值为标准误；***、**和*分别代表通过1%、5%和10%显著性水平的检验。

二、千兆光网发展创造的经济价值

千兆光网作为数字经济的核心产业，在带动数字经济发展的同时，作为投入品可有效推动其他产业发展。本小节利用投入产出分析方法，估算千兆光网通过带动数字经济发展带来的直接经济价值。在此基础上，结合产业关联效应，本小节将千兆光网推动经济发展的网络效应纳入考察范围，估算千兆光网发展创造的全部经济价值。

1. 经济价值的估算方法

"十四五"时期，除通过提升现代信息网络传输效率直接推动数字经济发展外，千兆光网建设可通过推动数字经济发展带动其他产业发展，为其他产业创造经济价值。本小节利用投入产出表数据，估算数字经济与其他产业的直接分配系数和完全感应系数，得出千兆光网对其他产业创造的经济价值。其中，直接分配系数用公式表示为：

$$h_{ij} = \frac{x_{ij}}{X_i} \quad (i, \ j=1, \ 2, \ \cdots, \ n)$$

X_i 为 i 部门的总产出。直接分配系数反映 i 部门每单位的产出中分配给 j 部门的比重。将各产业部门的直接分配系数用矩阵形式表示，形成直接分配系数矩阵 H。

不同产业之间存在显著的关联效应，表现为 c 产出通过分配给 j 部门推动其他产业发展。因此，在考虑千兆光网的直接经济价值的同时，还需要纳入产业关联效应，考察千兆光网的间接经济价值。根据完全分配系数的定义，完全分配＝直接分配＋一次间接分配＋二次间接分配＋三次间接分配＋…＋k 次间接分配。其中，直接分配为 HX，一次间接分配为 $H \times HX = H^2 X$，二次间接分配为 $H \times H^2 X = H^3 X$，第 k 次间接分配为 $H \times H^k X = H^{k+1} X$。那么，完全分配为：

$$HX + H^2 X + H^3 X + \cdots + H^{k+1} X + \cdots = (H + H^2 + H^3 + \cdots + H^{k+1} + \cdots) \ X$$

完全分配系数矩阵为 $G = H + H^2 + H^3 + \cdots + H^{k+1} + \cdots$，其中 $k \to \infty$。两边同乘 $(I-H)$，得：

$$(I-H) \ G = (I-H) \ (H + H^2 + H^3 + \cdots + H^{k+1} + \cdots)$$
$$= H + H^2 + H^3 + \cdots + H^{k+1} + \cdots - H^2 - H^3 - \cdots - H^{k+1} - \cdots$$
$$= H$$

整理得完全分配系数矩阵 G 为：

$$G = (I-H)^{-1} H$$
$$= - (I-H)^{-1} (I-H-I)$$

$$= - (I - (I-H)^{-1})$$

$$= (I-H)^{-1} - I$$

其中，矩阵 $(I-H)^{-1}$ 称为完全感应系数矩阵，记为 $\overline{G}$。其元素 $\overline{g}_{ij}$ 称为完全感应系数，表示第 i 部门增加一个单位增加值所引起的第 j 部门产出的增加量。

2. 千兆光网创造的直接经济价值

本部分根据国家统计局公布的 2018 年《全国投入产出表》计算直接分配系数矩阵和完全感应系数矩阵。2018 年《全国投入产出表》公布了 42 个产业部门的投入产出情况。考虑通信设备、计算机和其他电子设备以及信息传输、软件和信息技术服务是数字产业化的核心产业，本部分将两类产业作为数字经济的代表性产业部门，计算千兆光网通过推动两类产业发展对其他产业的直接经济价值和全部经济价值。表 2-9 列出了千兆光网建设对其他 40 个产业部门的直接经济价值估计情况。由表可见，千兆光网通过推动数字经济发展对其他行业的经济增加值影响不同。影响较大的行业包括化学产品，通用设备，专用设备，交通运输设备，电气机械和器材，建筑，批发和零售，交通运输、仓储和邮政，金融，房地产，租赁和商务服务，综合技术服务，公共管理、社会保障和社会组织等。"十四五"时期，千兆光网为以上行业创造 200 亿元以上的直接经济价值。而千兆光网影响较小的行业包括煤炭采选产品，石油和天然气开采产品，金属矿采选产品，非金属矿和其他矿采选产品，木材加工品和家具，石油、炼焦产品和核燃料加工品，其他制造产品和废品废料，金属制品、机械和设备修理服务，燃气生产和供应，水的生产和供应，水利、环境和公共设施管理等，表明以上几类行业与数字经济之间的经济关联度较低，千兆光网通过推动数字经济发展对以上几类行业的影响较弱。

表 2-9　"十四五"时期千兆光网建设对各行业的

直接经济价值　　　　　　　单位：亿元

行业分类	2021 年	2022 年	2023 年	2024 年	2025 年	合计
农林牧渔产品和服务	38.02	37.85	12.49	7.50	3.97	99.83
煤炭采选产品	1.98	2.07	0.71	0.44	0.24	5.44
石油和天然气开采产品	1.15	1.38	0.53	0.36	0.21	3.62
金属矿采选产品	2.31	2.69	1.00	0.67	0.38	7.06
非金属矿和其他矿采选产品	0.65	0.68	0.23	0.15	0.08	1.79
食品和烟草	50.78	46.59	14.19	7.87	3.86	123.29
纺织品	5.36	5.31	1.74	1.04	0.55	14.00
纺织服装鞋帽皮革羽绒及其制品	9.71	9.77	3.25	1.97	1.05	25.76
木材加工品和家具	2.92	2.94	0.98	0.60	0.32	7.76
造纸印刷和文教体育用品	20.70	21.11	7.11	4.35	2.34	55.61
石油、炼焦产品和核燃料加工品	1.91	2.08	0.74	0.47	0.26	5.46
化学产品	181.69	190.11	65.47	40.80	22.34	500.41
非金属矿物制品	26.37	27.55	9.47	5.90	3.23	72.52
金属冶炼和压延加工品	36.75	39.05	13.61	8.57	4.73	102.71
金属制品	14.72	15.31	5.25	3.26	1.78	40.31
通用设备	162.05	172.64	60.33	38.05	21.05	454.12
专用设备	101.02	106.40	36.84	23.06	12.67	279.99
交通运输设备	221.47	228.71	77.90	48.10	26.13	602.31
电气机械和器材	350.25	364.85	125.18	77.77	42.47	960.52
仪器仪表	38.62	44.34	16.38	10.79	6.18	116.32
其他制造产品和废品废料	1.98	2.20	0.80	0.51	0.29	5.79
金属制品、机械和设备修理服务	0.22	0.25	0.09	0.06	0.03	0.65
电力、热力的生产和供应	48.43	50.72	17.48	10.90	5.97	133.49
燃气生产和供应	0.19	0.19	0.06	0.04	0.02	0.50
水的生产和供应	0.14	0.15	0.05	0.03	0.02	0.39

续表

行业分类	2021年	2022年	2023年	2024年	2025年	合计
建筑	1907.21	2006.62	694.14	434.21	238.51	5280.68
批发和零售	310.58	324.52	111.63	69.50	38.02	854.25
交通运输、仓储和邮政	601.95	633.04	218.90	136.89	75.18	1665.96
住宿和餐饮	44.26	48.69	17.44	11.22	6.31	127.91
金融	826.31	864.93	297.95	185.73	101.72	2276.63
房地产	105.21	110.85	38.39	24.03	13.21	291.69
租赁和商务服务	366.45	390.66	136.58	86.18	47.69	1027.55
研究和试验发展	26.33	29.42	10.66	6.92	3.92	77.25
综合技术服务	159.62	168.46	58.42	36.62	20.15	443.27
水利、环境和公共设施管理	2.31	2.15	0.67	0.38	0.19	5.70
居民服务、修理和其他服务	30.43	29.26	9.34	5.44	2.80	77.28
教育	65.75	70.34	24.66	15.60	8.65	184.99
卫生和社会工作	50.52	49.03	15.80	9.28	4.82	129.45
文化、体育和娱乐	12.79	14.29	5.18	3.36	1.90	37.53
公共管理、社会保障和社会组织	606.93	667.99	239.37	154.05	86.62	1754.96
对其他行业的直接经济价值	6436.07	6785.18	2351.01	1472.64	809.87	17854.77
对数字经济的直接经济价值	19622.53	20342.43	6951.55	4304.07	2343.70	35609.70
直接经济价值合计	26058.60	27127.61	9302.56	5776.71	3153.57	53464.47

"十四五"期间，千兆光网创造的直接经济价值呈现先爆发后趋于稳定的倒 U 形变化趋势，平均每年为数字经济创造 10712.86 亿元的直接经济价值，通过推动数字经济发展每年为其他行业创造 5951.59 亿元的直接经济价值，总计每年创造 16664.45 亿元的直接经济价值，"十四五"期间创造的直接经济价值总额达到 53464.47 亿元。

3. 千兆光网创造的全部经济价值

千兆光网推动数字经济发展创造的直接经济价值，通过产业关联效应将带动各行业、各部门创造更多的经济价值，即产生千兆光网创造经济价值的网络效应。本部分纳入产业关联效应，利用完全感应系数矩阵测算千兆光网通过推动数字经济发展创造的全部经济价值。表2-10列出了千兆光网对其他40个产业部门的全部经济价值估计情况。由表可见，千兆光网通过推动数字经济发展对其他行业产生的全部经济价值存在差异。影响较大的行业包括食品和烟草，化学产品，金属冶炼和压延加工品，通用设备，专用设备，交通运输设备，电气机械和器材，电力、热力的生产和供应，建筑，批发和零售，交通运输、仓储和邮政，金融，房地产，租赁和商务服务，综合技术服务，公共管理、社会保障和社会组织等。"十四五"时期，千兆光网为以上行业创造1000亿元以上的经济价值。而千兆光网影响较小的行业包括煤炭采选产品，石油和天然气开采产品，金属矿采选产品，非金属矿和其他矿采选产品，其他制造产品和废品废料，金属制品、机械和设备修理服务，燃气生产和供应，水的生产和供应，水利、环境和公共设施管理等。

表2-10 "十四五"时期千兆光网建设对各行业的
全部经济价值
单位：亿元

行业分类	2021年	2022年	2023年	2024年	2025年	合计
农林牧渔产品和服务	350.31	348.75	115.05	69.07	36.59	919.77
煤炭采选产品	31.78	33.19	11.41	7.10	3.89	87.37
石油和天然气开采产品	26.32	31.78	12.15	8.20	4.78	83.22
金属矿采选产品	20.94	24.38	9.10	6.04	3.48	63.93
非金属矿和其他矿采选产品	7.12	7.45	2.57	1.60	0.88	19.61
食品和烟草	494.66	453.86	138.23	76.71	37.62	1201.07
纺织品	75.42	74.69	24.52	14.65	7.73	197.01
纺织服装鞋帽皮革羽绒及其制品	93.64	94.21	31.38	19.00	10.14	248.36

续表

行业分类	2021 年	2022 年	2023 年	2024 年	2025 年	合计
木材加工品和家具	40.41	40.79	13.62	8.27	4.43	107.52
造纸印刷和文教体育用品	137.07	139.74	47.08	28.79	15.51	368.19
石油、炼焦产品和核燃料加工品	95.55	103.78	36.82	23.51	13.13	272.79
化学产品	1828.66	1913.36	658.88	410.60	224.83	5036.33
非金属矿物制品	354.22	370.04	127.26	79.22	43.33	974.07
金属冶炼和压延加工品	885.35	940.73	328.02	206.54	114.08	2474.72
金属制品	165.43	172.05	58.95	36.58	19.96	452.97
通用设备	641.00	682.90	238.63	150.51	83.25	1796.29
专用设备	384.00	404.44	140.03	87.65	48.18	1064.30
交通运输设备	1384.58	1429.80	487.01	300.69	163.34	3765.43
电气机械和器材	1189.23	1238.79	425.03	264.05	144.20	3261.30
仪器仪表	111.98	128.56	47.50	31.29	17.92	337.25
其他制造产品和废品废料	10.15	11.28	4.07	2.64	1.49	29.63
金属制品、机械和设备修理服务	0.93	1.02	0.37	0.24	0.13	2.69
电力、热力的生产和供应	431.94	452.34	155.88	97.20	53.25	1190.61
燃气生产和供应	1.60	1.62	0.54	0.33	0.18	4.28
水的生产和供应	0.75	0.80	0.28	0.18	0.10	2.11
建筑	8675.44	9127.62	3157.47	1975.11	1084.95	24020.59
批发和零售	1247.57	1303.57	448.39	279.16	152.73	3431.42
交通运输、仓储和邮政	1686.26	1773.35	613.22	383.47	210.59	4666.89
住宿和餐饮	170.03	187.03	66.99	43.10	24.23	491.39
金融	1636.24	1712.72	589.99	367.77	201.42	4508.15
房地产	408.84	430.74	149.17	93.40	51.34	1133.49
租赁和商务服务	1196.17	1275.19	445.82	281.32	155.66	3354.15
研究和试验发展	91.35	102.07	36.99	24.01	13.59	268.01
综合技术服务	495.80	523.26	181.46	113.75	62.59	1376.87
水利、环境和公共设施管理	7.25	6.76	2.10	1.18	0.59	17.89
居民服务、修理和其他服务	88.49	85.08	27.17	15.82	8.15	224.71
教育	157.03	167.99	58.89	37.25	20.65	441.82
卫生和社会工作	145.98	141.69	45.66	26.82	13.92	374.06
文化、体育和娱乐	35.82	40.02	14.50	9.41	5.33	105.08
公共管理、社会保障和社会组织	1083.49	1192.50	427.32	275.00	154.63	3132.94

行业分类	2021 年	2022 年	2023 年	2024 年	2025 年	合计
对其他行业的全部经济价值	25888.80	27169.94	9379.50	5857.22	3212.80	71508.26
对数字经济的直接经济价值	19622.53	20342.43	6951.55	4304.07	2343.70	53564.28
全部经济价值合计	45511.33	47512.37	16331.05	10161.29	5556.50	125072.54

与直接经济价值的变化趋势类似，"十四五"期间千兆光网创造的全部经济价值呈现先爆发后趋于稳定的倒 U 形变化趋势，平均每年通过推动数字经济发展为其他行业创造 14301.65 亿元的经济价值，总计每年创造 25014.51 亿元的经济价值，"十四五"期间创造的全部经济价值总额达到 125072.54 亿元。

综上，千兆光网在推动数字经济发展、提升经济效率的基础上，成为驱动经济增长的新动能。因此，千兆光网用户数每增加 1%，能带动 GDP 增加 0.01%；"十四五"时期千兆光网建设平均每年创造 16664.45 亿元的直接经济价值。考虑产业间的网络效应后，千兆光网每年创造 25014.51 亿元的全部经济价值。我国千兆光网的发展短期内有利于大幅促进经济增长，长期来看对经济增长的提升作用趋于稳定。

本章在分析千兆光网发展现状的基础上，分别探讨了千兆光网的发展对数字经济、经济效率以及经济增长的影响，并对短期——"十四五"时期、中长期——2026~2035 年的影响进行预测。研究结果表明，到"十四五"末期，千兆光网的用户数将达到 36624.25 万户；到 2035 年，千兆光网用户数将达到 49065.60 万户。千兆光网所承载的新一代信息通信网络发展，不仅为产业数字化升级与数字经济核心产业的发展提供基础，更为提升经济效率、促进经济增长注入新动能、提供新模式、发挥新作用。具体来说：

第一，千兆光网发展能够驱动数字经济发展。通过大幅提升现代信息网络传输速度，带动提高知识和信息的数字化效率，推动信息通信技术向更高水平发展，千兆光网可以有效推动数字经济快速发展。千兆光网用户数每增加 1%，将推动数字经济发展 0.03%。"十四五"时期千兆光网建设通过推动数字经济发展每年为 GDP 贡献 1.89 个百分点，累计带动数字经济产值达 89.96 万亿元。2026~2035 年，千兆光网建设的影响趋于稳定，通过推动数字经济发展每年为 GDP 贡献0.05 个百分点，累计带动数字经济产值达 121.06 万亿元。

第二，千兆光网发展能够驱动经济效率提升。千兆光网一方面能够推进企业效率提升，另一方面为数据要素提供技术支持。因此，千兆光网用户数每增加 1%，能推动全要素生产率增加约 0.01%。"十四五"期间，快速发展的千兆光网每年带动全要素生产率提升近 1.70 个百分点；2026~2035 年，千兆光网增速趋于稳定，每年带动全要素生产率提升 0.03 个百分点。短期内我国千兆光网的发展有利于大幅提升全要素生产率，但长期来看，千兆光网发展对全要素生产率的提升作用趋于稳定。

第三，千兆光网发展能够驱动经济持续增长。千兆光网在推动数字经济发展、提升经济效率的基础上，成为驱动经济增长的新动能。因此，千兆光网用户数每增加 1%，能带动 GDP 增加 0.01%。"十四五"时期千兆光网建设平均每年创造 16664.45 亿元的直接经济价值。考虑产业间的网络效应后，千兆光网每年创造 25014.51 亿元的全部经济价值。我国千兆光网的发展短期内有利于大幅促进经济增长，长期来看对经济增长的提升作用趋于稳定。

第三章　赋能：千兆光网赋能
产业转型升级

依托千兆光网作为全光底座，促进信息化与工业化深度融合，构建现代化产业体系，是当前发展的重要方向。从产业变革来看，产业演变已经从蒸汽时代的"工业1.0"、电气时代的"工业2.0"、信息时代的"工业3.0"，向数字时代的"工业4.0"演进。产业变革离不开基础设施的支撑，如同"工业1.0"的交通基础设施、"工业2.0"的电力基础设施、"工业3.0"的以太网信息基础设施、"工业4.0"依托全光网络构建的新型基础设施，实现生产、管理、服务等多环节的智能化，迎来产业转型与升级的新契机。

第一节　千兆光网驱动产业变革

千兆光网对于推动企业转型升级、夯实数字产业化、加快产业数字化、激发数字经济活力起到积极作用。作为新一代信息通信基础设施，千兆光网具有大带宽、低时延、高可靠、低能耗等优点，极大地提升了企业级用户体验，可以成为企业实现降本增效的重要助推器，进而带动产业转型升级和产业生态改善，从降本增效的"量变"转变为提质升级的"质变"。千兆光网赋能产业的机理如图 3-1 所示。

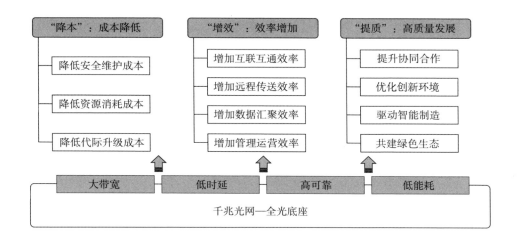

图 3-1　千兆光网赋能产业的机理

一、千兆光网带动企业成本降低

降低成本是企业生存和发展的重中之重，较低的成本可以为企业提升盈利空间和抗风险能力，进而将节约的资本用在科技创新、业务拓展等"刀刃"上，保障企业的长远发展和战略布局。同时，出于成本考量，也有企业缺乏通过数字化设备改造加快升级的主动性，或面临着"故步自封"而被时代淘汰的风险。千兆光网则可以解决企业转型升级中的成本控制顾虑。依托千兆光网，企业可以进行光纤网络搭建和光设备应用布局，节省了安全维护、资源消耗、代际升级等方面成本，实现"降本"和转型升级的"双赢"。从表3-1中可以详细看出，千兆光网相较于传统网络在企业成本控制上的优势。

表3-1　千兆光网相较于传统网络在企业成本控制上的优势

		传统网络	千兆光网
安全维护	安装维护	网线为传输和接入线路，短距离传输，交换机部署和布线繁杂 传输节点上，ROADM方案需要由单一站点为多机柜、多设备组成的复杂系统，占空间较大；且需要站内设备间线路连接，增加了障点和排除困难	光纤为传输和接入线路，长距离传输，减少交换机部署，极大地缓解了布线压力。OXC方案只需要单一设备和单一机柜，实现空间集约，设备间光纤免链接，减少了障点隐患和排查难度
	安全生产	有源交换机，存在可能因电源散热不足导致火灾的安全隐患，网线布置和汇聚时容易出现杂乱、难以区分现象，存在管理不当引发的安全风险	连接节点——ODN为无源设备，极大地消除了消防监测和生产安全的压力。单条光纤体积小，线路管理难度低，且所连接设备相对独立，网络架构相对短平，排除故障和安全监测相对方便
资源消耗	能源消耗	交换机以有源设备为主，增加电力成本。光放大板（OA）、光监控单板（OSC）、光调度单板（DWSS）等全部光层器件，分立设备和板卡搭建，能源消耗较大	千兆光网依托的ODN等无源设备，不仅能增加生产安全性，还能减少电力消耗。在OXC全光背板创新架构中，光支路板和光线路板两类板卡可集成光放大板（OA）、光监控单板（OSC）、光调度单板（DWSS）等全部光层器件，能耗大幅度减少
	资源消耗	传统网络较多应用网线，网线需要用到铜矿等有色金属进行生产，有色金属为不可再生资源，会造成一定的资源消耗	千兆光网以全光纤为主，光纤的原材料是沙砾，为可再生资源，极大地减少了有色金属等不可再生资源的消耗
代际升级	搭建消耗	传统网络搭建对于机柜、桥架等设施的要求较高。传统的ROADM所应用的分立设备和光层单板，备件成本较高	搭建简单，地埋光纤开槽简单，不需要破坏道路造成重复建设，节省了耗材使用。OXC实现光层板件归一，可以降低备件成本
	线路更换	双绞线从五类线、六类线到未来更高级别的更替，线路更换成本高	光纤在可预见的未来里可以作为稳定高效的传输介质，满足大带宽、多并发的网络升级方向，且光纤可以保持30年以上不腐蚀
	工期安排	多数设备需要更换，工程复杂；重新布局会影响企业正常运营，为企业转型升级造成障碍	企业端仅需要对ONU等设备进行更换和升级，即可享受更高级别网络服务，网络升级简单便捷，对于企业正常运营影响较小

一是降低安全维护成本。运营难度和安全风险直接关系到企业是否采用数字化转型的策略实现产业升级。网络设备运维难度大，则会造成企业"不会用""不想用"，网络设备管理的风险越高，则会造成企业"不敢用"。千兆光网在安全运维方面相较于传统的网络部署，具有较强优势，可以打消企业，特别是中小企业参与数字化升级的顾虑，对于提升企业竞争力和推动整体产业变革具有重要意义。在安装维护方面，千兆光网以光纤为传输和接入线路，相较于网线，可以实现长距离传输，减少交换机部署，极大地缓解了布线压力，同时，光纤直径也远小于网线直径，占地空间较小，可以节省更多物理空间用于设备运营、机房人员走动等，避免空间狭小的事故隐患。在光传输节点上，传统的 ROADM 方案需要由单一站点为多机柜、多设备组成的复杂系统，而 OXC 方案则只需要单一设备和单一机柜，实现空间集约，设备间光纤免链接，减少了障点隐患和排查难度。以北京联通完成的全球首个 OXC+ASON 为例，相较于传统 ROADM 方案，节约空间超 70%，减少站内光纤连接超 80%，并提升运营效率 84%[①]。在安全生产方面，千兆光网的连接节点——ODN 为无源设备。相较于传统的有源交换机存在可能因电源散热不足导致火灾的安全隐患，ODN 极大地消除了消防监测和生产安全的压力。且不同于网线布置和汇聚时容易出现的杂乱、难以区分现象，单条光纤体积小，线路管理单难度低，且所连接设备相对独立，网络架构相对短平，排除故障和安全监测相对方便，也减少了因管理不当引发的安全风险。

二是降低资源消耗成本。减少重复建设、降低资源能源消耗，不

① 四川移动携手华为打造基于 OXC+ASON2.0 的超大规模智能立体骨干网［J］.通信与信息技术，2020（5）：10.

仅能控制企业生产的显性成本，还可以确保企业生产合乎环境保护的规定，减少企业环保合规的隐性成本。在能源消耗方面，千兆光网依托的 ODN 等无源设备，不仅能增加生产安全性，还能减少电力消耗，减少电力成本。在 OXC 全光背板创新架构中，光支路板和光线路板两类板卡可集成光放大板（OA）、光监控单板（OSC）、光调度单板（DWSS）等全部光层器件，能耗大幅度减少。以北京联通 OXC+ASON 为例，相较于传统 ROADM 方案，单站点光层整体功耗降低 36%①。在资源消耗方面，传统网线需要用到铜矿等有色金属进行生产，而光纤的原材料是沙砾，极大减少了对于有色金属这种不可再生资源的消耗。在搭建消耗方面，千兆光网搭建在节省空间的同时，还减少了传统网络搭建对于机柜、桥架等设施的要求，节省了相关建材成本。在园区内进行光网运维时，地埋光纤开槽简单，不需要破坏道路造成重复建设，也节省了水泥等耗材的使用。并且 OXC 实现光层板件归一，相较于传统的 ROADM 所应用的分立设备和光层单板，可以降低备件成本。

三是降低代际升级成本。数字经济引发了新产业、新模式、新业态，作为数字经济的底座，通信技术和网络设备也在不断革新。通信产业自 2000 年以来，以十年为一个代际进行升级演化，固定网络由 2000 年以前的 F1G 语音拨号，依次演进为 F2G 宽带时代、F3G 超宽带时代、F4G 超百兆时代、F5G 超千兆时代，未来还将进入 F6G 万兆超宽时代等。传统的以太网网络布线，为网络代际演进升级预留空间不足，网速提升需要配合双绞线从五类线、六类线到未来更高级别的更替，线路更换成本高，且多数设备需要更换，工程复杂；重新布局会

---

① 四川移动携手华为打造基于 OXC+ASON2.0 的超大规模智能立体骨干网［J］. 通信与信息技术，2020（5）：10.

影响企业正常运营，为企业转型升级造成障碍。而千兆光网的传输线——光纤，在可预见的未来里可以作为稳定高效的传输介质，满足大带宽、多并发的网络升级方向，且光纤可以保持 30 年以上不腐蚀，当固定网络步入 F6G 或者更高级别时，企业端仅需要对 ONU 等设备进行更换和升级，即可享受更高级别网络服务，网络升级简单便捷，对于企业正常运营影响较小。

二、千兆光网协同产业效率提升

千兆光网助力企业在互联互通、远程传送、数据汇聚、管理运营等方面实现优化和高效运作，进而带动产业效率的提升。

一是互联互通效率增加。网络是实现企业互联互通的关键载体。一方面，企业依托网络与同行业企业、上下游企业互联互通，可以打破"信息孤岛"，实现产业"大联通"，达成集成共享，乃至跨界融通。另一方面，依托网络，企业可以维系终端市场的客户关系，提供个性化、多样化服务。千兆光网以网络业务需求为导向，以数据流量集中点——数据中心为核心，向上简化主干，向下细化分支，为企业刻画了高效互联互通的新愿景。千兆光网将 OTN 下沉至接入侧，基于数据流量、人口密度、企业覆盖布局的 OTN 站点，可以有效提升光节点密度，并实现总成本最优化，对于助力企业间互联、产业间互联、企业与市场间互联具有较大裨益。从企业间互联来看，企业跟同行业、上下游企业具有较多的业务往来，互联互通需要高品质的网络支持，千兆光网的大带宽、广覆盖特征，为企业间进行业务洽谈、在线交易、资源共享提供较强助力。从商户与终端客户互通来看，在线直播等新型带货模式兴起，成为企业占据销售市场的必争之地。千兆光网的抗干扰、低时延对于直播流畅性和互动性具有突出作用，可以防止因卡顿、黑屏等事故造成的订单流失。特别是，伴随着云 VR、全景视频等新型互动模式发展，未来客户关系管理和商业营销等将更加依赖高品质网络，依托 F5G 与客户进行沟通，无疑是商户非常好的选择。

二是远程传送效率增加。数字经济打破企业内部交流边界，跨办公区、跨园区、跨地区的远程协同愈发广泛。远程协同对于上下行带宽均有较高要求，可以快速且安全可靠地传输文件和快速响应等。千兆光网可以满足远程协同对于网络品质的要求，亦能通过综合运用私有云、混合云等手段，满足同步实时协同的超快网络速率要求。面向未来，千兆光网将推动网络结构的进一步简化，模糊接入层与传输层的边界，OTN 下沉已经成为重要的发展趋势。以产业园区布局和企业现实需求为重要参考，布局 OTN 站点，下沉至 OLT 站点，实现 OTN 与 OLT 协同，以及 OTN 在接入层、汇聚层和核心层的无缝对接，有助于发挥 OTN 透明传送、完善管理、加密保护等方面的优势。应用 OXC+ONT 的技术，构建全光立体骨干网，简化网络层次，极大地节省了人工连纤和机房空间需求，实现骨干网到城域网、端到端的光层快速打通，数据中心之间的"一跳直达"，做到站点布局、线路布置、设备配置的极简化；OXC 采用光背板技术，将传统方案的多个单板集成在一起，并实现站内光层免光纤连接，进一步优化站内部署，避免人工操作失误影响系统稳定性。有助于为企业提供品质专线、品质带宽，在节约机房资源、电力消耗、物理空间，实现成本集约的同时，也通过同缆检测、智能运维等提升了网络效率，实现承载业务的"光速直达"。

案例 3-1 广东移动省级全光网络建设与大湾区数字经济大发展

在推进数字新基建的过程中，广东移动坚持技术创新，持续引入领先网络技术，目前已在全省成功部署 2000 多个 VC-OTN 节点，构建了一张全国最大规模的省级光传送网（OTN）精品专网，打造了粤港澳大湾区时延小于 3 毫秒的全光交叉网络（OXC），为大湾区智慧城市建设和数字经济发展构建了高品质全光底座。

全光网服务包含全光底座、全光业务、智慧管控三大部分，能为用户提供超清视频、精品专线、5G 等全业务承载能力，支撑千行百业的数字化转型发展。在粤港澳大湾区，广东移动已建成了全国规模最大的全光交叉网络，调度枢纽超过 80 个。其中，节点间实现 Mesh 化连接和全光直达；端到端采用 96 波 200G 超大容量系统；单节点的光交叉能力超过 600T，电交叉能力达到 64T，为业界能力最强。

千兆光网的普及以及全光城市建设催生了广泛的应用场景。在OTN 专线建设方面，广东移动已为证券、银行、政务、医疗等多个行业用户开设了 OTN 专线，并针对商务楼宇市场率先推出 OTN 的点到多点（P2MP）专线，实现千兆接入和全光网服务的融合，以满足中小企业对组网专线、入云专线等应用场景的需求。在 OTN 专网改造方面，广东移动为中国农业银行广东省分行提供扁平化线路改造，推动实现安全、集约、高效的一体化运营管理模式，为银行柜面、后台各业务系统搭建了快捷高效、稳定可靠的通信网络。在数字政务方面，针对梅州市政务服务数据管理局建设电子政务外网的需求，广东移动提供了 OTN 专线方案，以高安全、高可靠的网络优势提供了高标准的专线服务。

资料来源：《广东移动建成全国最大规模省级全光网络》，《人民邮电报》，2021-10-25，http：//www.cnii.com.cn/rmydb/202110/t20211025_317664.html。

三是数据汇聚效率增加。21 世纪，数据要素已成为重要的生产要素，提升数据汇聚效率对于产业竞争力提升具有突出作用。以数据中心为构建核心，以网络业务需求为导向的千兆光网已成为发展的新趋势。千兆光网在骨干传输链路全光纤化的基础上，推动光网向城域网、接入网的延伸从传送和接入两个方面实现代际跃迁。在传送上，探索实践立体骨干网的建设，在传输节点引入全新光交换技术 OXC，满足业务灵活连接需求，实现数据中心分布式部署、业务分布多中心、专线连接扁平化直达。在接入上，逐步采用以光纤为介质的配线段、引入线，实现光电融合规模应用和多介质统一接入，将光纤到桌面纳入重要趋势，在 ODN、ONT 等"最后一公里"环节持续创新，逐步实现网络"毛细血管"的光纤化，为云边协同、云网融合提供基础网络设施保障。并且部分光通信设备设置有边缘计算模块，可以提升文件传输、业务操作、数据分析的效率。这保证企业在依托云边服务提升沟通效率和文件传输效率的同时，也可以保留更多生产过程、业务流程等环节的数据。对于海量数据进行分析，可以优化业务环节，形成业务畅通和数据汇聚的良性循环，并对于远期实现近实时数据分析和操作提供实践探索。特别是，数据是数字经济时代重要的生产要素之一，千兆光网可以推动向上光联云池，向下光联万物，为数据高效率传输提供保障。2020 年 12 月国家发展和改革委员会发布《关于加快构建全国一体化大数据中心协同创新体系的指导意见》，将"东西部数据中心实现结构性平衡"作为 2025 年的发展目标之一。2021 年 5 月，国家发展和改革委员会、国家互联网信息办公室、工业和信息化部、国家能源局根据《关于加快构建全国一体化大数据中心协同创新体系的指导意见》的部署要求，制定了《全国一体化大数据中心协同创新体系算力枢纽实施方案》，明确指出"国家枢纽节点之间进一步打通网络传输通道，加快实施'东数西算'工程，提升跨区域算力调度水平"。千兆光网可为"东数西算"这一国家重要战略工程保驾护航。千兆光网具有低时延、抗干扰等特性，其具备的高传输容量、高可靠性、高安全性优势，可通过区域专线、跨省专线，快速、高效地将东部数据运送到西部，释放西部超强算力。同时，基于千兆光网可以进行数据灾备、综合利用本地备份和异地备份等方式，预防因自然灾害、系统故障、操作失误等造成的数据丢失，保障数据资源的可靠性。

案例 3-2　贵州构建"东数西算"新节点的实践探索

贵州作为我国首个大数据综合试验区，正通过深入实施大数据战略行动，构建"东数西算"新节点，加快打造数字经济增长极。

"东数西算"带来数据要素的跨域流动，是实现产业聚集和平衡区域发展的重要路径。相较于一些中东部地区，在贵阳市、贵安新区的每 10 万台服务器每天可节约 45 万元电费，一年可以节约 1.65 亿元。凭借独特优势，贵阳市将坚持高端化、绿色化、节约化主攻方向，锚定"中国机房"，打造"数字码头"。2021年上半年中国人民银行数据中心、京东数据中心等一批重点项目在贵州签约落地，苹果iCloud（贵安）数据中心正式落成，累计建设5G基站30738个，通信光缆超过140万千米，互联网出省带宽达到1.95万G，大数据基础设施持续优化。

《全国一体化大数据中心协同创新体系算力枢纽实施方案》中明确将在京津冀、长三角、粤港澳大湾区、成渝，以及贵州、内蒙古、甘肃、宁夏等地布局建设全国一体化算力网络国家枢纽节点。贵州作为重要的算力网络国家枢纽节点，以壮大数字经济为发展方向，推进数字产业化、产业数字化和数字化治理。打造贵州大数据发展重要集聚平台；推进数字经济万亿倍增计划，编制全国一体化算力网络国家枢纽节点建设方案，开展算力统筹、云网协同、"东数西算"试点；实施工业互联网、设备联网上云等创新发展工程，加快100个融合标杆项目、1000个融合示范项目建设。

资料来源：《构建"东数西算"新节点　贵州加快打造数字经济增长极》，《经济参考报》，2021-09-09，http：//www.jjckb.cn/2021-09/09/C_1310176306.htm。

四是管理运营效率增加。网络基础是现代化企业维持正常运营和进行管理决策的基础，网络联通也可以协助企业提升反应灵敏度，应对"黑天鹅"和"灰犀牛"。然而，数字经济蓬勃发展既为企业管理运营带来了机遇，也带来了挑战。特别是伴随着互联网普及率上升，对于互联网业务需求海量增长，且伴随着智能化设备发展，万物互联成为重要发展趋势，大数据、人工智能、云服务、物联网发展进一步加大了对于骨干网承载能力的要求，并增加了对于节点最大容量和节点光方向维度数量的要求，这也增加了网络运维的难度，一旦网络出现拥堵和中断，造成的可能是企业内部管理失当和不可弥补的损失。传统网络以覆盖为主要发展目标，采用多级覆盖的模式，往往根据行政区域、人口密度等特征布局网络，对于实际业务情况掌握不充分，网络流量调度不均问题仍然存在，如热点区域的传输节点承载流量过高，其他区域的传输节点则出现较大闲置。同时，传统网络的网络层次仍采用核心层、汇聚层、接入层的三层次网络架构，伴随着光业务的拓展，"被动"新建光传输平面，处理时间成本和资金成本都较为巨大，在管理方面也增加了较多困难，机房配置困难、设备拓展性差、故障排除困难等问题也有待解决，这些均为企业正常运营和业务管理埋下隐患。千兆光网向扁平的网络结构迈进，模糊了汇聚层与接入层边界，采用核心层、接入层的两层次网络架构，极大地提升了设备配置拓展和故障排除的效率。千兆光网确保了企业正常时期的管理运营效率，排除了网络隐患。而面对突发风险，依托千兆光网，企业可以获取用于管理运营优化的数据支持，从而提升应对突发情况的能力。例如，在新冠肺炎疫情期间，会出现出行受阻、通勤限制等情况，通过稳定高品质的网络，企业内部可以不受时空限制高效协同，企业与外界也可以正常交流沟通，及时疏通人流、物流的堵点；在各部门密集应用互联网，千兆光网可以应对流量激增的使用场景，保障网络畅通。并且目前发展的千兆光网 F5G，正探索采用切片隔离方案，实现对不同业务和区间进行隔离，统一分配计算、存储、网络等网络资源，既保证在用网峰值时各业务顺利并行，且不会因为资源竞争产生冲突，又防范了因数据泄露而引发的安全风险，并有效制止了局部遭遇外网攻击等安全威胁时出现的攻击扩散。

三、千兆光网助力业态高质量发展

千兆光网在带来降本增效的同时，也会使产业发展从升级的"量变"走向转型变革的"质变"，实现产业"提质"，实现全产业的高质量发展。

一是起到提升协同合作的作用。依托产业互联网协同合作，提升资源匹配效率，实现生产要素优化配置，是数字经济时代发展的重要趋势。千兆光网发展可以为产业互联提供有效支撑。千兆光网以最大化利用网络资源、提升网络品质为主要目标。特别是通过构建全光立体骨干网，在局域点之间搭建"高速"平面，解决热点区域波道利用率过高、其他区域波道利用率过低的问题，Mesh 化组网结构助力光层业务直达和时延最优，且扩展性较强，方便引入 200G/400G 超宽链路，进一步提升网络速率。OXC 采用的光背板技术具有高可靠性和低插损性，支持超大交换容量，实现网络节点间的直通，免去光—电—光转换这一不必要环节，实现纳秒级时延；针对 IDC 互联的大颗粒波长级专线，可以实现业务端到端，业务直达 OXC 光层调度，时延降到近乎为零。OTN 下沉至中心机房节点，可以为企业提供点到点的专线服务，增加专线服务规模与质量，丰富云计算、边缘计算应用场景，并满足即时会议、VR 建模、全景展示等产业互联网应用场景的高品质网络要求，吸纳更多企业参与到协同合作中，方便企业间、产业间的交流，也方便产业界与政府、学术机构、科研机构达成合作，并为官产学研合作、全球产业系统搭建奠定基础。

二是起到优化创新环境的作用。创新是产业变革的"提速器"，而科技创新离不开基础设施配套支撑。自2018年中央经济工作会议首次提出"新型基础设施"以来，中央和地方已经密集出台了关于"新型基础设施"建设和发展的相关政策，新基建对于创新驱动和产业升级的作用不容忽视。千兆光网以网络极简、体验极致、运维高效为特征，提供大带宽、低时延、高可靠的网络支持，为新型基础设施建设打下基础，对于技术创新和商业模式创新均起到重要的作用。从技术创新来看，千兆光网搭建的高可靠、高品质网络环境，对于数据汇聚、企业上云具有重要推动作用，为产业积累数据、算法、算力等方面优势，进而助力大数据、人工智能、云计算等前沿高端产业发展，这些产业发展又带动了通信网络的研发升级，进而形成了网络促进技术、技术反哺网络的良性环路。从商业模式创新来看，千兆光网的应用可以为消费用户带来前所未有的宽带体验，释放消费用户低品质网速压抑的需求，也拓展了企业应用前沿产品进行商业模式创新的思路，4K/8K超高清视频、VR/AR等将更加广泛地应用于商业模式创新中，新产业、新模式、新业态将不断涌现。

三是起到驱动智能制造的作用。随着数字经济蓬勃发展，企业将加快由数字化、网络化向智能化转型升级的步伐，智能制造是企业提升核心竞争力的重要路径。依托物联网、云计算、人工智能等前沿技术的智能制造，对于网络的抗干扰性、安全性、时延性等方面要求较高，布局千兆光网可以为智能制造提供基础网络保障，使企业及时获取生产等环节数据，科学优化技术工艺、调整生产环境等。其中，光立体骨干网基于"OXC+OTN集群"的Mesh网格结构和ASON自动交换光网络，具有抗多次断纤的能力，实现高效运维。ASON 是集合交换和传输的自动交换光网络，当用户发起业务请求时，可自动计算选择路径，实现业务建立，当节点发生掉电或者断纤时，可自动跳过故障节点或链路，实现端到端保护和快速恢复。OXC 具有自动化和高集成性的特征，便于灵活扩展和运维，提升光调度能力和简化光层调测时间。OXC 内置的数字化光参检测系统，可以用于实时监测与感知波长路径、波长性能、波长利用率和光纤质量，实现自动化的动态光路径管理与波长动态分配，以应对复杂网络中的波长争用，实现波长调度的远程在线全自动配置；并在发生光纤中断时，及时进行光网络的故障保护、路由重选等操作，做到光层的数字化运维和网络灵活配置，对于推动生产制造的柔性化、智能化和高度集成化具有重要作用，亦保障了生产制造的安全可靠，助力制造业向智能化转型升级。

专栏 3-1　千兆光网助力智慧矿山

传统矿场中搭建网络需要守住安全红线，避免矿井下事故发生。以往建设的以太网络，应用的交换机设备为有源设备，需要较多地安装防爆箱，在安装成本和维护难度上都存在劣势；若使用井上布局无线网络，依然面临着传输信号短、可靠性低等问题，井下数据向井上传输面临阻碍。

应用千兆光网可助力传统矿场向智慧矿场加快转型。在网络部署上，可以采用无源分光器替代有源汇聚交换机，有效减少了交换机等环节对防爆箱的使用，仅保留了视频监控等必要环节的防爆箱使用，总体部署上相较于传统以太网络，防爆箱应用量减少40%。在井下作业上，光配线网 ODN 采取了全预连接，避免了在井下熔纤。使用"手拉手"组网，保障设备冗余，故障发生时，可自动切换备用链路，及时定位光纤断点，实现50毫秒极速倒换，保障业务无中断，以及井下作业的安全。在运维管理上，所有光网设备进行统一管理，做到"即插即用，即开即通"；并可及时对光路进行诊断，快速定位光纤故障，进一步大幅度减少人员下井排查的时间，确保工作人员安全。在网络保障上，千兆光网打通矿井内各种业务系统的阻力网络，实现网络统一承载，配合工业级通信设备支撑，实现上下行速率一致，为井下数据上传提供有效、可靠的支持。

资料来源：由《拥抱 F5G，加速新基建案例集》和实地调研资料整理所得。

四是起到共建绿色生态的作用。我国高度重视绿色生态建设的重要性，并出台文件为中国实现碳达峰、碳中和明确时间表、路线图。2021 年 9 月，国务院发布《中共中央　国务院关于完整准确全面贯彻新发展理念做好碳达峰碳中和工作的意见》，指出"把碳达峰、碳中和纳入经济社会发展全局，以经济社会发展全面绿色转型为引领，以能源绿色低碳发展为关键，加快形成节约资源和保护环境的产业结构、生产方式、生活方式、空间格局，坚定不移走生态优先、绿色低碳的高质量发展道路，确保如期实现碳达峰、碳中和"。同年 10 月，国务院发布《2030 年前碳达峰行动方案》，提出"有力有序有效做好碳达峰工作，明确各地区、各领域、各行业目标任务，加快实现生产生活方式绿色变革，推动经济社会发展建立在资源高效利用和绿色低碳发展的基础之上，确保如期实现 2030 年前碳达峰目标"。千兆光网对于加快绿色变革、助力低碳发展、实现资源高效利用具有重要作用。从资源使用来看，光纤网络布局简单，更新换代容易，光网较多应用无源设备应用，可以减少电力等能源消耗，在减少资源消耗成本和代际升级成本的同时，也为企业加快绿色转型提供了有利方向。从生态循环来看，光纤应用的沙砾等材料是可持续再生的，且光纤使用寿命长，可以减少稀缺资源的浪费；淘汰掉的光纤可以进行回收，减少了网线的塑料绝缘外壳等废弃物对于环境的破坏。从能源集约来看，依托千兆光网，发展的智能电网、智慧能源网等，可以对能源使用情况进行实时监测，分析设备能效水平，完善能源管理体系，挖掘能源节省改进空间，可以为实现碳中和目标贡献力量。

第二节　千兆光网赋能产业链条，构建数字经济生态圈

千兆光网作为新型基础设施的"基础设施"，对于做大做强数字经济、赋能数字经济相关产业、构筑数字经济良好生态具有重要意义。一方面，千兆光网助推企业加快数字化转型。千兆光网为企业实现生产管理等环节的业务全流程数字化转型提供高品质的信息通信基础，激发企业转型升级的潜力；并通过数字化转型带来的"网络效应"，

引发指数型的数字经济增长。另一方面，千兆光网下的数字化转型为数字核心产业增加了市场需求，提供的数据要素供给，可以提振数字经济核心产业发展。面对巨大的数字化转型市场发展潜力，传统 ICT 企业依托千兆光网，可以加快数字化产品生产，并通过数据要素优化数字化服务。而非 ICT 企业，也将原有核心产品与数字技术融合，生产带有通信模块、智能模块的数字产品，通过企业内外部的数据资源汇聚，开展数字化服务。

一、千兆光网助推数字化转型

数字化转型为企业发展带来了"降本""增效""提质"的收益，是企业在新一轮产业革命和科技变革中重塑竞争力的重要手段。千兆光网在网络品质、空间布局、运维管理等方面的优势突出，为数字化转型的顺利进行保驾护航，激发了企业依托千兆光网实现数字化转型的动机，使越来越多的企业探索和实践业务流程的数字化转型升级。

1. 业务流程数字化转型的类别与特征

业务流程的数字化转型主要包括在现场设备、车间监测、生产管理、业务管理、产业互联五个环节实现数字化（见图 3-2）。对于这五个环节，可以通过生产管理环节、网络覆盖范围进一步归类。

从生产管理环节区分，业务流程的数字化包括生产数字化和管理数字化。生产数字化包括现场层面及车间层面的现场设备数字化、车间监测数字化。管理数字化包括工厂层面的生产管理数字化、园区层面的业务管理数字化，以及园区间或者产业间的产业互联平台化。管理数字化的主要应用信息技术（Information Technology，IT），使用其

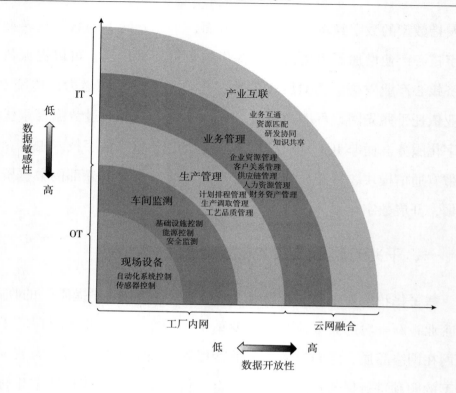

图 3-2 千兆光网下的业务流程数字化

建设信息通信系统，可实现管理数字化。这一部分的应用场景相对成熟。以太网时期的企业远程桌面、企业上云等都是 IT 应用场景下的，在千兆光网时代，高品质网速激发了更多企业进入上述场景。通过商务专线等方式，大型企业可以获取安全稳定网络，实现云网融合；通过智能专线等方式，中小企业可以根据需求使用网络，更加经济地获取网络资源，获取"提速降费"企业扶持福利。生产数字化的主要应用运营技术（Operation Technology，OT），通常指实现工业生产操作的相关技术，在过去 OT 使用的相关环节，并没有较好地进行数字化转型，工业设备、检测设备等的智能化水平较低。千兆光网时代，推动了 IT 与 OT 融合，特别是在重视安全生产、资源分配的矿产、电力等部门，在千兆光网下，IT 与 OT 融合场景更为丰富。

此外，从网络覆盖范围区分，根据业务需求、数据管理等方面，各应用场景对于网络需求不同。现场设备数字化、车间监测数字化、生产管理数字化相对较为敏感，应用的网络多为局域网，以确保数据管理的安全性；而业务管理数字化则为了适应远程办公、跨区域协同等的需求，偏向于应用广域网，或者广域网与局域网相结合的方式；产业互联平台化需要企业间、产业间的互联，或者实现产业界与政府、学术界、科研界的互联，以广域网为主，更多应用了云网融合和实现数据的开放共享。通过局域网方式，解决数据安全隐患，对于推动生产数字化具有积极作用。

2. 千兆光网助力业务流程的数字化

业务流程的数字化发展现状和应用情况主要取决于技术难度和数据管理难度。从技术难度来看，业务管理、产业互联等管理数字化所应用的 IT 已经相对成熟，依托千兆光网进行管理数字化的技术障碍相对较小；现场设备、车间监测、生产管理等生产数字化需要融合 IT 和 OT，OT 的数字化仍处于探索阶段，依托千兆光网开展的生产数字化技术难度较大，需要重点攻关关键节点、关键设备。从数据管理来看，生产数字化主要使用局域网，对于网络安全要求高，应用千兆光网确保数据安全、防止商业隐私泄露的需求较大，千兆光网将成为生产数字化排除隐患、探索发展的重要后盾；管理数字化主要使用广域网，实现云网融合、云边协同，海量数据资源可以进行开放共享，依托千兆光网可以实现业务直达数据中心、端到端数据传输，助力大数据、云计算、人工智能服务于管理数字化。表 3-2 显示了业务流程数字化的应用场景、技术难度与数据管理需求。

表 3-2   业务流程数字化的应用场景、技术难度与数据管理需求

业务类别		应用场景	技术难度	数据管理需求
生产数字化	现场设备	自动化系统控制、传感器控制	应用车间内网，OT 与 IT 综合应用，技术难度大，应用较少	数据开放性极低，数据敏感性极高
	车间监测	基础设施控制、能源控制、安全监测	应用工厂内网，OT 与 IT 综合应用，技术难度较大，应用处于探索期	数据开放性低，数据敏感性高
	生产管理	计划排程管理、生产调取管理、工艺品质管理	应用办公局域网，以 IT 为主导，技术相对成熟	数据开放性中等，数据敏感性中等
管理数字化	业务管理	企业资源管理、客户关系管理、供应链管理、人力资源管理、财务资产管理	应用广域网，应用 IT 实现云网融合，应用场景相对普遍且成熟	数据开放性较高，数据敏感性较低
	产业互联	业务互通、资源匹配、研发协同、知识共享	应用广域网，应用 IT 技术实现云网融合，应用场景广泛，探索起步较早	数据开放性极高，数据敏感性极低

现场设备的主要应用场景包括自动化系统控制、传感器控制等，是目前数字化转型最缓慢的环节，一方面是技术难点较高，制造设备特别是高精密制造设备生产条件严苛。数控机床为实现智能控制需要监测生产现场的复杂环境，往往需要融合电流、力敏、光敏、声敏、化学、气味等多种传感器，并在收集到数据后自主分析和实现调节存储，如进行位移控制、防撞控制、震动抑制、噪声控制、润滑油量调节等，从而保证机床运行的效率和精度。另一方面由于生产容错条件苛刻，对于网络的时延、可靠性要求极高，才能防范生产事故和生产

受阻。同时，生产数据是企业最宝贵的数据，涉及产业安全和企业的核心竞争力，因此，数据保护也对网络提出了较高要求。基于千兆光网，可以将现场设备的网络时延控制在毫秒级，并且苛刻的数据安全要求也有保障，有助于解除市场对于现场设备数字化转型的顾虑，从而壮大相关市场的消费和投资需求，以资本驱动现场设备数字化转型的技术攻关。

车间监测的主要应用场所既包括室内车间，也包括与矿产、电力相关的场外作业场所等，应用场景包括基础设施控制、能源控制、安全监测等。应用网络主要为车间内网络，相较于现场设备的数字化转型，稍微普遍。但数字化转型普及仍然需要跨越较难的技术门槛和排除数据管理障碍。首先，环境安全要求苛刻，数字化转型相关设备需要做到防爆、防尘，具有较为宽泛的温度适应范围，并可以应对极端天气。同时，监测需要可靠的网络传输，以保证车间业务连续性，在网络出现故障时，能及时自动修复，并且做到信号不受车间内电磁干扰和雷电影响等。其次，鉴于车间监测需要管理较多设备，网络设备需要连接和管理不同类别的物理接口。千兆光网可以满足车间监测的网络要求，相较于传统网络，千兆光网的无源光器件更易适应苛刻的环境要求，做到防尘、防爆，并适应极端天气；并且不会因为供电中断而造成网络中断。相较于传统网络应用串联网络，千兆光网采用并联型网络，建立更为完善的自愈机制，可以保障突发情况下的网络供应。此外，千兆光网的终端设备提供工业场景下的不同类型物理接口，以确保统一管理和调度。

生产管理的主要应用场景包括计划排程管理、生产调取管理、工艺品质管理等。主要应用办公局域网，所应用的技术以 IT 为主导，相较于 OT，IT 相对成熟，因此生产管理的应用也相对较为普及。同时，数据敏感性也相对于现场设备和车间监测环节要求较低。如果说现场设备和车间监测环节数字化转型处于破局和探索阶段，那么生产管理的数字化转型就处于如何进一步优化和提升用户体验的阶段。从业务实践来看，生产管理涉及生产、采购、物流等多部门，易发生网络资源和业务的相互干扰，是需要重点优化的环节。千兆光网采用 OLT 切片技术，将一个 OLT 物理实体，分为多个 OLT 虚拟分片，为不同业务部门分配独立网络空间，实现多业务独立承载、网络资源灵活调度，并提升网络安全性和网络差异化服务可行性，从而提升生产管理数字化转型的收益。

业务管理的主要应用场景包括企业资源管理、客户关系管理、供应链管理、人力资源管理、财务资产管理等。与生产数字化环节的现场设备、车间检测、生产管理不同，应用的网络由局域网转向广域网。主要应用 IT，以云网融合，实现员工间跨区域交流和远程办公，是数字化转型各环节中应用相对普遍且成熟的环节。千兆光网提供专线服务，为业务管理数字化提供了高品质、多样性、个性化的定制服务，满足大中小企业不同需求，实现了企业业务管理的提质增效。同时，千兆光网下数据的云端存储，可以保障企业及时汇聚海量数据，也避免了员工私人设备上进行数据存储所造成的企业隐私泄露和安全隐患。此外，千兆光网对于解决突发场景下的办公需求具有重要作用。特别是全球新冠肺炎疫情暴发后的疫情常态化管理中，远程办公成为新趋势，千兆光网保障了员工的远程多设备同步、员工间的音视频畅通交流，保障了突发情况下业务持续开展。

产业互联的主要应用场景包括业务互通、资源匹配、研发协同、知识共享等。应用的网络与业务管理环节相类似，均为广域网，技术上也同样采用 IT 实现云网融合。产业互联应用场景广泛，且探索起步较早，特别是在服务业已经应用较为成熟，例如以太网时期的电子商务、物流平台、金融平台、咨询平台等。近几年，数字技术渗透第二产业，越来越多的产业互联场景出现在制造业中，特别是在全球产业链重构的大背景下，创新链、产业链、价值链协同创新成为大趋势。"F5G+工业互联网"可以为企业提供协同研发设计、设备协同作业等的平台，企业不仅可以在平台上与其他企业进行实时业务沟通，获取行业知识共享和业务咨询，还可以通过 VR 等，借助 3D 模型搭建共享虚拟工作空间，进行全球不同产业部门的实时同步的沉浸式协作。例如，在协同设计平台上，可以远程掌握研发对象的内部剖面，模拟复杂的安装、卸载任务，并在模型上添加虚拟标记，从而方便向其他合作方解释制造与运维情况，并能清晰明确地指出发现的问题。

专栏 3-2　　"F5G+工业互联网"的应用探索

2019 年 11 月，工业和信息化部印发《"5G+工业互联网"512 工程推进方案》，推动"5G+工业互联网"融合创新发展。截至 2021 年 5 月，"5G+工业互联网"在建项目已超过 1500 个，覆盖 20 余个国民经济重要行业。为进一步提供具有借鉴意义的模式和经验，2021年5月，工业和信息化部总结形成《"5G+工业互联网"十个典型应用场景和五个重点行业实践》，具体介绍10个典型场景及5个重点行业"5G+工业互联网"的实际应用情况。其中10个典型场景，包括协同研发设计、远程设备操控、设备协同作业、柔性生产制造、现场辅助装配、机器视觉质检、设备故障诊断、厂区智能物流、无人智能巡检、生产现场监测。

"5G+工业互联网"应用场景已经相对普及，"F5G+工业互联网"的应用仍处于探索阶段。5G与F5G均为全光时代提供大带宽、低时延和广连接的高品质服务，但具有不同的特征：5G作为无线网络，部署灵活，更适合移动场景和光纤资源集约的场所，在人口聚集且流动量大的区域，以及车联网、无人机等室外场景中具有优势，但同时也存在电波传播条件复杂、出现信号干扰和传播延迟等问题，在工业场景下，也会受到工业噪声的影响，以及面临移动用户间的邻道干扰、同频干扰等。F5G作为固定网络，在移动场景下不具有5G移动性和灵活部署的优势，但同时也避免了5G因电波传播条件复杂所造成的弊端。F5G可以与5G形成互补效应，在光纤可达场景下，可以进一步确保网络的安全可靠、超低时延，避免移动网络的干扰噪声，达到近乎零丢包、毫秒级低延迟，适用于对于网络时延要求苛刻的高端生产制造中，并解决了无线网络有源设备耗电高的问题，适用于消防和安全生产压力大的场景。F5G与5G协同共生，可在协同研发设计、远程设备操控、设备协同作业、柔性生产制造、现场辅助装配、机器视觉质检、设备故障诊断、生产现场监测等场景中，实现优势互补，对于加快产业数字化转型升级、促进新一代基础设施赋能千行百业具有重要意义。

"F5G+工业互联网"相关资料来源：由实地调研资料整理所得。

"5G+工业互联网"相关资料来源：工业和信息化部网站。

二、千兆光网提振数字核心产业

《中华人民共和国国民经济和社会发展第十四个五年规划和2035年远景目标纲要》提出：到2025年，数字经济核心产业增加值占GDP比重预期性目标，由2020年的7.8%提高到10%。

千兆光网下数字核心产业与数字化转型的互相促进如图3-3所示。

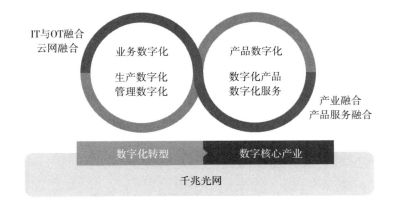

图3-3 千兆光网下数字核心产业与数字化转型的互相促进

1. 数字化转型激发数字核心产业的市场需求

从市场需求增加的角度来看，数字核心产业成为数字化转型的上游产业，为数字化转型提供关键设备和技术服务，数字化转型进一步壮大数字核心产业市场，形成良性循环。

一是千兆光网下的数字化转型推动光通信产业发展。数字化转型蓬勃发展增加了对于千兆光网相关设备的需求，有助于提升光纤光缆、光器件、通信设备的供给，对于助力光纤产业、光器件产业、通信设备产业发展具有重要作用。从发展现状来看，我国数字经济蓬勃发展，增加了对于上游光通信产业的需求，使光通信产业获得长足发展，在全球的光纤、光器件、通信产业都占据了一定席位。根据网络电信信息研究院发布的《2020 年全球｜中国光通信最具竞争力企业 10 强》，在全球光纤光缆企业、光输入与网络接入设备、光器件与辅助设备的10 强名单中，中国分别有 5 家（长飞、亨通、烽火通信、中天、富通）、3 家（华为、烽火通信、中兴）、4 家（光迅、中际旭创、海信宽带多媒体、昂纳）占据全球 10 强的席位（见表 3-3）。而光通信产业发展，也刺激了配套服务业的需求，拉动了相关数字产品的零售、批发、租赁等服务需求。伴随着数字化转型加快，光通信产业的应用场景也在进一步增加，从而积累丰富资金和创新动力，助力产业从大到强，实现技术突破，逐步向高端制造转型。

表 3-3　全球光通信最具竞争力企业 10 强

光纤光缆企业				光输入与网络接入设备				光器件与辅助设备			
排名	企业	得分	国家	排名	企业	得分	国家	排名	企业	得分	国家
1	康宁	1000	美国	1	华为	1000	中国	1	博通	1000	美国
2	长飞	975	中国	2	讯远通信	927	美国	2	朗美通	979	美国

光纤光缆企业				光输入与网络接入设备				光器件与辅助设备			
3	亨通	970	中国	3	诺基亚	923	芬兰	3	高意	968	美国
4	古河电工/OFS	963	日本	4	烽火通信	908	中国	4	光迅	966	中国
5	烽火通信	957	中国	5	爱立信	907	美国	5	住友电工	962	日本
6	中天	956	中国	6	中兴	906	中国	6	中际旭创	957	中国
7	富通	953	中国	7	日电	890	日本	7	藤仓	954	日本
8	普睿司曼	952	意大利	8	英飞朗	887	美国	8	海信宽带多媒体	953	中国
9	住友电工	946	日本	9	ADVA	883	德国	9	古河电工	941	日本
10	藤仓	925	日本	10	住友电工	882	日本	10	昂纳	930	中国

资料来源：网络电信信息研究院发布的《2020 年全球｜中国光通信最具竞争力企业 10 强》。

二是千兆光网下的数字化转型加快电信服务转型升级。企业对数字化转型和千兆光网布局的需求增加，意味着电信运营商带动了相关数字服务业发展。特别是对于电信运营商，传统业务利润增长点疲软，互联网电视（OTT）发展让电信运营商沦为"通信管道"，这导致电信运营商电信业务总量与电信业务收入增长的趋势呈"剪刀形"，即随时间变化，电信运营商电信业务总量增速较快增长，而电信业务收入增长速度下滑，两个增速由同向变化转为相反方向发展。千兆光网的推广拓宽了电信行业业务类型，电信运营商可开展个性化、多样化的专线服务，从同质化竞争中自救出来，增加电信用户忠诚度，同时，电信运营商还可以与云服务商和终端应用服务商合作等，配套云服务、终端应用服务等增值套餐，拓展业务新增长点。近几年，固定宽带接入用户规模稳步增长，千兆用户数持续扩大。截至 2021 年 3 月末，3 家基础电信企业的固定互联网宽带接入用户总数达 4.97 亿户，比上年末净增 1371 万户。2021 年一季度，电信业务收入增速持续提升，累计完成业务收入 3601 亿元，同比增长 6.5%，增速同比提高 4.7 个百分点，较上年末提高 2.9 个百分点①。由此可见，千兆光网的发展为电信运营商拓展业务和创造利润提供了新方向。

专栏 3-3　精品专线为电信运营商拓展业务空间

金融贸易企业有高频交易、高频结算、在线直播等需求，高科技或前沿产业类别的企业有进行云计算、远程协同等需求，上述企业对于上下行网络速率要求较高，对于网络时延、丢包率亦有苛刻要求，以确保国内外协同作业、云服务上传下载畅通、在线直播无卡顿等，应用家装设备的传统专线已经无法满足企业需求，提供精品专线业务、智能组网等成为电信运营商的业务"蓝海"。

对于大型企业精品专线需求，电信运营商可提供千兆精品专线服务，通过调整光纤输出路线、开展数据传输专用通道等，实现毫秒级，如上海临港新片区管委会和市通信管理局、上海电信、上海移动、上海联通共同启动上海（临港新片区）国际互联网数据专用通道，预计接入国际访问的网络时延可下降约 18%。此外，电信运营商可以协助企业进行园区内网络布局，并提供业

① 资料来源：《一季度电信业务总量增长 27.4%　5G 手机终端用户连接数达 2.85 亿户》，人民网，2021-04-23，http://js.people.com.cn/n2/2021/0423/c359574-34690549.html。

务快速开通、故障快速恢复等增值服务。对于中小企业，电信运营商可以为中小企业进行智能组网，并提供商务专线、智能专线等服务，增设云服务、网络安全隔离等功能，实现千兆上下行对称带宽，并满足中小企业对网络品质和安全的需求，通过带宽弹性可调和智能应用自助选择等，减轻中小企业负担，实现中小企业的"提速降费"。

资料来源：由网络新闻报道和实地调研资料整理所得。

网络报道来源：《上海（临港新片区）国际互联网数据专用通道正式发布5月起开始受理企业申请》，《IT时报》，2021-04-30，http：//www.it-times.com.cn/a/tongxin/2021/0430/34112.html。

三是千兆光网下数字化转型为云服务商提供机遇。云服务发展将成为未来趋势，企业上云成为企业数字化转型特别是中小企业数字化转型的重要途径，千兆网下的云服务生态如图3-4所示。对于云服务商来说，数字化转型丰富了云服务商的客户资源。云服务商可以为企业提供SaaS、PaaS、IaaS等服务模式，并针对网络流畅和数据安全需求不同，以共有云为主，主要借助SaaS、PaaS等为中小企业省去搭建机房、购买硬件设施的成本，提供模式化服务，以私有云与公有云结合，为大企业提供高品质、高可靠的定制化服务。而工业场景的数字化转型加快，也会增加对于物联网的需求，节点规模急剧增加，千兆光网可以为海量设备接入提供充足带宽，解决能耗过高的问题，并助力云服务商精耕边缘计算等新型模式，实现云边协同，缓解流量压力，实现智能节能。

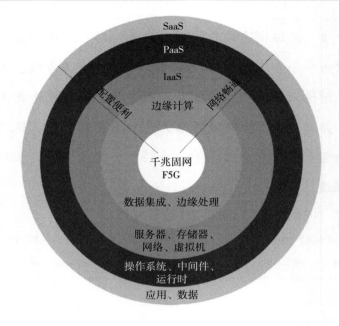

图 3-4 千兆光网下的云服务生态

　　四是千兆光网下的数字化转型助力智能终端设备、终端服务产业发展。对于终端应用服务商来说，数字化转型加快了企业终端应用，在线办公、视频会议、文档协同相关的移动终端层出不穷。2021 年 8 月 27 日，中国互联网络信息中心（CNNIC）发布第 48 次《中国互联网络发展状况统计报告》。报告显示，截至 2021 年 6 月，我国当前在线办公用户规模达 3.81 亿，较 2020 年 12 月增长 3506 万，占网民整体的 37.7%。截至 2021 年 6 月，在线视频/电话会议的使用率为 23.8%，在线文档协作编辑为 23.8%，相比 2020 年 12 月，分别提升 1.0 个和 2.6 个百分点。较多在线办公平台提供简单便捷的程序开发平台，这为企业提供了便捷、低成本的编程工具。而伴随着千兆网络生态进一步完善，在线办公体系的服务丰富性、价格差异性和用户多样性将不断增强，响应速度、存储能力、功能适用性等将持续优化。企业业务数字化，特别是生产数字化的发展基础，也为传统企业生产数字产品提供了经验和设备支撑。例如，与语音识别、自然语言处理技术配套的录音设备，可以助力会议、讲座中的语音讨论快速转化为文本，节省了企业派专人誊录的时间，还可以在跨国多语言的讨论中，提供实时字幕，实现跨语言交流。千兆光网为保证网络稳定性，增加了相关设备和技术的需求。传统企业面对千兆光网引发的终端智能设备的"新蓝海"，一方面会加快传统产品向数字化、网络化、智能化升级，在原有产品中增加网络模块、智能模块等；另一方面也改变了传统企业运营模式，以服务销售代替产品销售的模式将更为普遍。例如，设备租赁的市场前景广阔，可以实现资源和设备的优化配置，依托千兆光网建设的工业互联网，企业可以找到需要设备的客户，在完成设备租赁的同时，还可以对租赁客户进行远程指导和设备远程运维等，以获取服务增值收益。

2. 数字化转型为数字核心产业提供数据要素

从数据汇聚角度分析，数据是数字经济时代的重要生产要素。数字化转型过程中可以产生大量的数据要素，从而带动数字服务业和数字工业发展，促进数字核心产业做大做强，形成数字经济良好生态。

一方面，千兆光网发展所汇聚的数据资源，助力前沿产业发展。从需求端来看，数字化转型刺激数字需求，带动了数字化转型上游制造业和服务业的发展。而从数据要素来看，通过千兆光网积累的数据资源，则成为下游前沿产业的上游生产"原材料"，驱动大数据、云计算、人工智能、物联网等前沿数字技术创新，带动了前沿数字技术相关的工业、服务业的发展。例如，云 VR 业务可以高效地应用于业务管理和生产管理诸多场景，实现远程研发协同、员工培训、商品展销等，千兆光网保证了网络高带宽和低时延，避免画面传输卡顿，并汇聚大量数据资源，用于 VR 技术转型升级，增强用户体验。而较高用户体验也会刺激 VR 及上游行业发展，助力 VR 技术从传统向云 VR 转型，从而助力以数据要素为原材料的云计算、大数据等产业进一步服务于云 VR 中，降低了传统 VR 的眩晕感，推进云 VR 实现头显无绳轻便、画面超高清晰、视频传输稳定，并推动前沿产业生态的发展。

专栏 3-4 VR 协同办公应用——vSpatial

vSpatial 是位于美国犹他州普罗沃的初创公司。"VoIP 之父"理查德·普拉特组建了一支拥有 200 多年电信、网络、云计算和虚拟现实（VR）经验的团队，共同打造未来的工作场所——vSpatial。这个新平台的创建是为了利用虚拟现实的沉浸式技术，让远程工作人员和团队在工作时能够更好地联系和提高效率。

vSpatial 把传统的工作环境传送至虚拟现实世界，借助这个应用，用户将会传送至一个连接至他们电脑的虚拟现实世界，然后执行一系列常见的计算机任务，如检查邮件、运行 Photoshop，以及观看视频等。不同之处在于，信息不再渲染至显示器上，而是直接呈现在用户的周围。

vSpatial 于 2017 年发行了其虚拟工作空间的第一个公开版本。

在 Oculus Home 上线，支持 Oculus Rift。vSpatial 具有无限屏幕、动态输入和控制、灵活的交互选项等特色。无限屏幕即用户可以在 VR 中直接打开无限的计算机应用程序，不再需要设置多显示器，并可以直接在个人工作空间中打开、修改、交互和查看任何应用程序。动态输入和控制即全键盘双输入、调整窗口大小、交互帮助、查看完整桌面等所有的控制都位于同一个地方，可以由用户随心所欲控制。灵活的交互选项即允许用户专注于一个屏幕，用户可以使屏幕尽可能接近自己，在一个可见屏幕下摆脱其他干扰，或者是扩大以获得完整的视图。

受全球新冠肺炎疫情影响，2020 年成为协同办公软硬件发展的重要一年。vSpatial 加强与头戴设备制造商品牌 Oculus 合作，登录 Oculus Quest 平台，强化跨平台应用。目前，Spatial 拥有免费版和专业版两种版本，其中专业版拥有无限存储功能。该应用旨在实现无缝的 VR/AR 协作，并可与 Nreal Light、Magic Leap、Microsoft HoloLens 等 VR/AR 设备相兼容。因此，使用 Oculus Quest 进行演示的用户可以与使用 Magic Leap 的其他人通过浏览器或通过网络摄像头进行交流。此外，vSpatial 增强了兼容性并进行了功能改善和创新等。在兼容性上，vSpatial 不仅能支持 Microsoft Office Suite 文件，同时可以集成 Google Drive、OneDrive 及 SharePoint 来提取文件。该应用也支持对 3D 模型进行符合其实际尺寸的快速微调。在功能改善上，vSpatial 推出的全新的 VR 礼堂功能，从原本的只能支持 30 人的 VR 大型聚会以及 20 人的网络在线会，改为 VR 礼堂可容纳 40 人以上的大型会议、演讲及讲座。2021 年，vSpatial 更新大量新功能。如支持 PC VR（beta 版）、支持 LiDAR 3D 扫描、实时翻译、Mac 桌面投屏等。

应用千兆光网作为 VR 协同办公的网络支撑，可以进一步提升用户体验，并汇聚数据资源，为 VR 及其上下游的产业提供数据要素，助力前沿产业生态发展。

资料来源：《vSpatial VR 虚拟工作空间登陆 Oculus Rift》，映维网，2017-10-21，https://news.nweon.com/37060。

《VR/AR 协作平台 Spatial 推出最新更新》，VR 之家，2020-11-18，https://www.vrzhijia.com/news/51738.html。

《vSpatial：让 VR 改变人们工作的方式》，电子发烧友，2018-06-19，http://www.elecfans.com/vr/695947.html。

《支持 LiDAR 扫描、实时翻译，<Spatial>加入大量新功能》，青亭网，2021-04-02，https://www.sohu.com/a/458625102_395737。

另一方面，千兆光网下，汇聚数据资源成为企业宝贵的数据资产。传统企业在加快业务数字化转型的同时，积累了大量数据资源，这些数据资源成为企业内部决策的宝贵资源，可以应用大数据分析等方式，优化生产和管理环节，实现创新驱动发展。并且，数据要素价值逐步被大众认知，数据流通市场的开发与完善成为未来发展的重要方向。2021 年 1 月 8 日，中共中央、国务院发布《关于构建更加完善的要素市场化配置体制机制的意见》，第六章第二十、二十一、二十二条明确提出加快培育数据要素市场的意见。伴随着数据资源产权、交易流通和安全保护等基础制度和标准规范将逐步探索建立，企业参与市场数据要素交换成为发展趋势。千兆光网下，企业可以及时、安全、高效地汇聚数字化转型中的过程数据、结果数据，从而进行数据服务业务的开发，通过数据服务这一增值业务，增加新的利润点。与此同时，数据交易平台也会逐步搭建，成为重要数据流通模式，与之相关的区块链、智能合约、隐私加密计算、数据确权标识等新兴技术也会借此契机得到进一步发展，进而为数字核心产业做大做强提供契机。

专栏3-5　全国一体化大数据中心协同创新体系构建

"数据是国家基础战略性资源和重要生产要素"，加快新型基础设施建设、深化大数据协同创新，是我国数字经济战略布局的重要方向。

2020年12月23日，国家发展和改革委员会、中共中央网络安全和信息化委员会办公室、工业和信息化部、国家能源局联合发布《关于加快构建全国一体化大数据中心协同创新体系的指导意见》，指出"以深化数据要素市场化配置改革为核心，优化数据中心建设布局，推动算力、算法、数据、应用资源集约化和服务化创新，对于深化政企协同、行业协同、区域协同，全面支撑各行业数字化升级和产业数字化转型具有重要意义"；并在优化数据中心布局中明确指出"推进网络互联互通。优化国家互联网骨干直联点布局，推进新型互联网交换中心建设，提升电信运营商和互联网企业互联互通质量，优化数据中心跨网、跨地域数据交互，实现更高质量数据传输服务。积极推动在区域数据中心集群间，以及集群和主要城市间建立数据中心直联网络。加大对数据中心网络质量和保障能力的监测，提高网络通信质量。推动降低国内省际数字专线电路、互联网接入带宽等主要通信成本"。

2021年5月24日，国家发展和改革委员会、网络安全和信息化委员会办公室、工业和信息化部、国家能源局根据《关于加快构建全国一体化大数据中心协同创新体系的指导意见》，研究制定了《全国一体化大数据中心协同创新体系算力枢纽实施方案》（以下简称《方案》）。《方案》明确提出加快网络互联互通，"建设数据中心集群之间，以及集群和主要城市之间的高速数据传输网络，优化通信网络结构，扩展网络通信带宽，减少数据绕转时延"。《方案》明确规定了网络时延要求，对于构建数据中心集群，"数据中心端到端单向网络时延原则上在20毫秒范围内"。对于城市内部数据中心，"数据中心端到端单向网络时延原则上在10毫秒范围内"。《方案》将"围绕数据中心集群，稳妥有序推进国家新型互联网交换中心、国家互联网骨干直连点建设，促进互联网企业、云服务商、电信运营商等多方流量互联互通"作为重点任务，将"在数据中心直连网络、一体化算力服务、数据流通和应用等领域开展试点示范"作为保障措施。

因此，全国一体化大数据中心协同创新体系探索构建离不开网络基础设施建设的支持。千兆光网具有骨干传输网络承载能力和提升数据中心互联能力，我国千兆光网的快速发展可以为全国一体化大数据中心协同创新体系提供高品质基础设施支持。从发展规模来看，千兆光网已经初具规模。根据中国互联网络信息中心（CNNIC）发布的第 48 次《中国互联网络发展状况统计报告》显示，截至 2021 年 6 月，光纤接入端口达到 9.18 亿个，较 2020 年 12 月净增 3790 万个，占比由 2020 年底的 93.0% 提升到 93.5%。千兆宽带加速部署，10G-PON 端口进入快速建设期。从政策支持来看，千兆光网被政府大力扶持。2021 年 3 月 24 日，为高质量发展提供坚实网络支撑和发挥千兆光网作为新型基础设施与承载底座的突出作用，工业和信息化部印发《"双千兆"网络协同发展行动计划（2021—2023 年）》，要"引导 100Gbps 及以上超高速光传输系统向城域网下沉"，"推动基础电信企业面向数据中心高速互联的需求，开展 400Gbps 光传输系统的部署应用，鼓励开展数据中心直联网络、定向网络直联等的建设"。迈向未来，千兆光网的快速商用可以为全国一体化大数据中心协同创新体系建设保驾护航。

资料来源：国务院政策文件库。

第四章 民生："双千兆"时代的 民生福祉提升

通信技术的快速发展，使家庭网络环境发生了巨大变化。自 2013 年的"宽带中国"战略启动以来，我国 96% 的家庭都实现了光纤入户（Fiber To The Home，FTTH），拥有了通畅的网络连接。但以往，家庭内部的组网模式以网线为基础，存在网速慢、延迟高、升级难、覆盖差等问题。在这种网络环境下，家庭的经济功能以消费单元为主，缺乏向更多方向发展的潜力。近两年，光纤直达每个房间（Fiber To The Rome，FTTR）的组网模式逐渐兴起，其大带宽、低时延、全覆盖、智运维、易切换、无限升级等特征，使家庭网络性能有了质的飞跃。在 FTTR 的助力下，人们在家中能从事的活动种类被极大拓展，家庭的经济功能也开始向生产单元、教育单元、研发单元等方向延伸。FT-TR 在重塑家庭生活方式的基础上，也为部分社会问题带来了新的解决方案，为未来智能生活的加速到来奠定了基础。

基于网络性能、生活模式、社会效益、未来潜能等多维度的显著差异，可将基于网线的组网模式称为网络 1.0，将基于光纤的组网模式称为网络 2.0。本章首先阐述家庭网络 1.0 和家庭网络 2.0 在组网结构、性能等方面的详细区别，其次剖析 FTTR 如何重塑家庭生活，如何为当前的一些社会问题提供新的解决方案，如何为即将到来的智慧生活新形态创造发展空间。

第一节　我国家庭宽带网络的演进历程

虽然我国移动网络技术（2G、3G、4G、5G 等）取得了跨越式的进步，但长期以来移动网络并非家庭的主要上网模式。一方面，移动网络基于流量收费，上网资费相对较高；另一方面，移动网络由外部的信号发射塔向家庭内部传输信号，墙体、门窗的多层阻挡使室内信号较差。而固定网络常采用包时段（如包月、包年等）的购买方式，使数据流量的价格更低。同时，固定网络通过无线路由器在家庭内部提供 Wi-Fi 连接，使信号强度更高。鉴于这些优点，固定网络一直是家庭网络的主要支撑。

我国固定网络技术在近几十年取得了突飞猛进的发展，光纤早已替代电话线，成为家庭网络接入运营商的基本方式。截至 2020 年底，超过 96% 的家庭都已实现了光纤入户，即通信运营商的光纤接入了家庭的信息箱之中。而进一步，将信息箱中的光信号转变为网络信号并向家庭内部传输的过程，正在发生天翻地覆的变化。

一、信息时代的家庭宽带网络

在以往，光纤进入家庭信息箱，也止于家庭信息箱。在光纤信号由光猫转换为网络信号后，再由网线传输至家庭各房间，或者传输至无线路由器来提供 Wi-Fi 接入。这种组网模式下的家庭网络可称为 1.0 时代。在家庭网络 1.0 时代，家庭网络的架构缺乏统一标准，不但受到硬件性能不足的制约，也受到家庭网络知识不足的影响。

首先，网线和传统无线路由器等硬件的性能存在先天不足。从网线来看，其内芯是铜线，铜容易被氧化的化学特性使网线的寿命较短，一般六七年就需要更换。同时，每代网线都存在传输的速率上限，例如五类线（Cat. 5）的传输速率低于 100M，六类线（Cat. 6）的传输速率低于 1000M。从无线路由器来看，早期的无线路由器只能发射频段为 2.4GHz 的 Wi-Fi 信号，近几年的路由器逐渐发展为 2.4GHz 和 5GHz 的双频 Wi-Fi。邻里间的同频、邻频干扰会对 Wi-Fi 信号产生较大影响，而当前多数家庭仍普遍使用单频路由器的现实使这种干扰更加严重。另外，Wi-Fi 信号强度在穿过墙体、门窗后会大幅衰减，导致单一无线路由器的覆盖范围有限。

其次，家庭缺乏统一的组网标准，虽然形成了多种模式，但几种常见的模式各有弊端：①单一无线路由器。这是最常见的组网模式，使用网线将光猫和无线路由器连接，为全家提供 Wi-Fi 信号。其优点是安装简单，但弊端在于单一无线路由器的信号覆盖面积小、Wi-Fi 信号在穿墙后衰减严重。由于无线路由器常常放在客厅，导致卧室、浴室、厕所、厨房等房间中的网络体验较差，在房间较多的家庭中尤其明显。②多个无线路由器。面对大户型中单一 Wi-Fi 信号源覆盖不足的问题，多数家庭采用增加无线路由器数量的方式来增强边缘房间的 Wi-Fi 信号。其优点是安装简单、实现全屋 Wi-Fi 覆盖，但弊端在于多个路由器对应了多个网络接入名称，用户在房间中移动时需要手动切换热点。③AC+AP。AC+AP 的组网方案通过 AC（Wireless Access Point Controller）对多个 AP（Wireless Access Point）进行统一管理和信号调优，从而实现全屋 Wi-Fi 的无缝漫游。其优点是全覆盖、可漫游，但弊端在于需要较强的专业知识（如合理安排 AP 位置）、价格较高（需要多个 AP 设备以及 POE 供电等）。④Mesh 中继。该方案是将 Mesh 中继器放在无线路由器的 Wi-Fi 信号边缘位置，通过中继器接收并放大，来实现更远区域的 Wi-Fi 覆盖。其优点是安装简单、无缝漫游，但弊端在于每次中继后带宽减半，难以保证边缘房间网速。另外，这些组网模式都以网线为基础，受到网线传输速度的制约。

最后，用户组网知识匮乏、家庭的暗线装修方式等因素也抑制了家庭网络体验。第一，家庭组网知识匮乏。由于采用网线组网时缺乏统一的标准，家庭常常自己购买网线、路由器等设备，自助完成家庭网络构建。但用户缺乏相关知识，大量购买和使用传输速度低于 100M 的五类线甚至伪劣网线，网速会受到严重抑制。第二，网线的穿管装修方式阻碍网络升级。当前家庭装修广泛使用暗线布线，网线与电线通过穿管的方式，从墙壁或地板的线槽中接入各个房间。如果网线的传输能力低于家庭的网络需求，则只有更换网线才能解决问题，而暗线穿管的装修方式导致更换网线的成本极高，加大了家庭网络的升级难度。

在上述因素的共同制约下，家庭实际使用的网速远低于理论速度。一些用户即使购买了千兆网络套餐，也仅能实现网口测速千兆，即运营商接入家庭信息箱的网速达到千兆，实际使用速度无法保障。根据宽带发展联盟发布的数据，截至 2019 年第三季度，我国家庭 100Mbps 及以上接入速率的固定宽带用户占比已达到 80.5%，但平均下载速率仅为 37.69Mbit/s。

随着数字生活的持续快速发展，升级家庭网络成为当务之急，但 1.0 时代的家庭网络升级面临较大障碍。在装修时，即使采用具有千兆传输能力、能满足当前需求的六类线穿管，在数字生活持续发展和家庭流量不断增长的背景下，也必将遭遇承载瓶颈。由于暗线布线具有较高的网线更换成本，因此基于网线组网的家庭网络缺乏便捷升级的能力。

总结发现，在网络 1.0 时代，现有的家庭网络组网模式都无法同时满足大带宽、全覆盖、可漫游、简安装等要求。更重要的是，家庭装修的暗线布线模式和网线的传输能力上限会形成联合制约，严重阻碍家庭网络的持续发展和升级，可谓"一铺网线，十年难换"。图 4-1 显示了网络—路由器组网模式对家庭网速的限制。

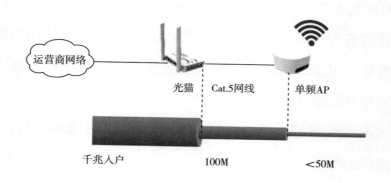

图 4-1　网线—路由器组网模式对家庭网速的限制

二、数字经济时代的家庭网络

家庭网络 2.0 是把光纤作为家庭内部组网的基础，用光纤替代网线连通各个房间，并在每个房间内分别提供千兆 Wi-Fi 信号。具体来说，入户的千兆光纤首先通过主光猫路由一体机（以下简称主光猫）接入，然后利用家庭光纤网络传输到各个房间，随后使用从光猫路由一体机（以下简称从光猫）在各房间内向用户提供 Wi-Fi 信号或光纤网络接口，用户通过云端管理平台对整个网络进行智能化管理。在 FTTR 的架构中，主光猫作为家庭网络中心，不但统筹分配 IP 以及下挂设备的 IP，而且对所有从光猫进行统一管理，使整个家庭构成一张统一的、可互通的局域网，实现了全屋 Wi-Fi 同一名称、各接入设备之间文件分享、用户远程管理家庭网络等功能。

在 FTTR 的传输模式下，网速不会受到网线、路由器等硬件的限制，Wi-Fi 信号不会因穿墙导致性能衰减，实现了全光 Wi-Fi 信号覆盖家庭所有房间，真正具有了高带宽、低时延、全覆盖、智运维、无感知切换等优点。FTTR 的组网结构如图 4-2 所示。高带宽：采用 FT-TR 的方案，可以实现 Wi-Fi 测速千兆，即用户在各房间使用的真实网速达到千兆。低时延：无论是观看高清视频，还是在线传输大文件，或是网络课堂中的双向交互，等待时间可降至毫秒级，网络时延几乎无法感知。全覆盖：各个房间都有从光猫提供 Wi-Fi 信号，真正做到 Wi-Fi 对家庭所有角落的全覆盖。智运维：用户通过智能管理平台可以实现对整个家庭网络的监督和管理，用户对接入设备信息和关键事件可视，智能平台对故障主动识别、自动诊断和远程调优。无感知切换：主光猫提供一个共同的服务集标识（SSID）名称供终端设备接入，当主光猫检测到无线终端设备在当前 Wi-Fi 接入点的信号强度较差且存在更优接入点时，在 100 毫秒内自动将终端设备切换到信号更优的接入点，保证用户在各房间走动时，视频通话、在线教育等各项网络业务不中断，实现无感知的跨房间网络切换。

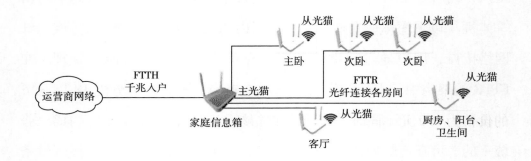

图 4-2　FTTR 的组网结构

除了上述优点，家庭网络 2.0 时代还具有便捷升级的特征。光纤使用寿命长达 30 年，不需要因老化而频繁更换。另外，光纤不存在传输的速度上限，使用光纤全屋布线后，无论未来升级到多快的网速，光纤都能满足承载要求。如果家庭的网络套餐超出了当前组网设备的承载能力，家庭仅需要更换各房间的光猫，即可实现网络升级。

总结发现，基于光纤组网的家庭网络 2.0，可实现实际使用速率千兆，Wi-Fi 全屋覆盖，网络架构简单，真正具有大带宽、低时延、全覆盖、可切换、易安装等特征。另外，在家庭装修时，如果采用光纤替代网线进行穿管和全屋布线，家庭网络将具有无限升级的潜力，能对数字消费升级形成持续支撑，可谓"预置光纤，潜力无限"。

三、千兆光网推动家庭宽带网络升级领先

总结上文可以发现，基于网线的家庭网络1.0虽然有多种组网方式，但所有方式都无法同时具备大带宽、低时延、全覆盖、智运维、易切换、无限升级等特征。而基于光纤的家庭网络2.0，可轻松具备全部上述特征。

如表4-1所示，从性能的角度来看，光纤组网相对于网线组网具有全方位的优势。而在成本方面，截至2021年11月底，50米家用光纤的价格为25元（单芯）/35元（双芯），而50米网线（六类线）的价格为190元。同时，光纤的传输能力没有上限，而网线（六类线）的传输能力最高只能达到千兆。因此，从成本来看，单位长度/传输能力下，光纤的价格也远低于网线。

表4-1 家庭网络1.0时代与家庭网络2.0时代对比

网络名称	家庭网络1.0	家庭网络2.0
组网模式	网线组网	光纤组网（FTTR）
带宽	网口（入户信息箱）测速千兆，真实使用速度无法保证	Wi-Fi测速千兆，即各房间使用的真实网速达到千兆
时延	高清电视快进需要等待缓冲，在线会议或网络课堂存在卡顿	高清视频、网络课堂等场景的时延可降至毫秒级，几乎无法感知
覆盖	Wi-Fi信号难以覆盖全屋	千兆Wi-Fi对家庭所有角落全覆盖
运维	家庭组网缺乏标准，故障原因难以判定	智能平台对故障主动识别、自动诊断和远程调优
漫游	手动切换信号源	无感知切换信号源
升级	采用暗线穿管，网线难以更换	仅需要升级各房间的光猫

虽然光纤组网具有性能和成本的双重优势，但当前我国并没有掀起光纤替代网线的家庭组网升级热潮，网线组网仍是家庭网络的主要方式。阻碍家庭网络从 1.0 向 2.0 升级的原因有哪些？对于已经采用网线完成穿管的家庭，更换网线的难度较高，在第一小节有所提及。对于尚在装修中的新房，课题组在调研时发现，采用光纤穿管的热情也相对较低，原因又是什么？下文将尝试探讨家庭网络升级的多重阻碍。

原因一：网线传输上限和穿管布线模式增加网络升级成本。对于装修完成的住房，如果装修时采用了网线穿管，且网线的传输能力较低，例如五类线低于百兆，则即使从运营商处购买了千兆网络套餐，也仅能享受百兆的网速。因此，若不更换网线，家庭缺乏升级网络套餐的意愿。而如果更换网线，需要对全屋布线拆除重装，极为费时费力。

原因二：家庭装修商和网络运营商权责不清。对于正在装修的住房，如果家庭不了解光纤和网线的组网差异，则其决策主要来自装修商的建议。对装修商来说，如果采用网线组网，则其可提供全部的配套硬件；而采用光纤组网，则配套硬件只能由网络运营商提供。同时，单位长度网线的价格高于光纤，导致网线组网的利润空间更大，装修商有更强的动力推荐网线组网。对网络运营商来说，家装环节尚未提供服务，也无法给家庭提供组网建议。在装修完成后，如果家庭发现实际网速无法与网络套餐相匹配，只能向通信商投诉，装修商不再承担任何责任。但通信商无法解决网线传输能力低下的问题，家庭又难以承担重新装修布线的成本，导致家庭网络体验被严重抑制。

原因三：家庭本身动力不足。在装修的过程中，即使家庭了解网线组网和光纤组网的性能差异，也仍有较多家庭选择网线组网。在调研中发现，不少家庭认为 FTTR 虽有一系列的优点，但当前百兆网速足够满足需求，而相比之下千兆光网的套餐费用较高、配套设备较贵，暂时难以接受。因此，FTTR 在一些家庭看来，并非刚性需求，仅属于消费升级项目。这种观点的背后，既包含收入等因素造成的消费理念差异，也包含 FTTR 组网模式的供给技术有待提升、需求场景有待丰富等问题。下文将阐述 FTTR 在推动当前生活方式变革、承接未来智慧世界中的作用，以及尚待发展完善的关键环节。

综上，基于网线组网的家庭网络 1.0 无法同时具备大带宽、低时延、全覆盖、智运维、易切换、无限升级等特征。而基于光纤组网的家庭网络 2.0 虽然具备全部上述优点，但普及程度有待提升。对于装修完成，采用网线穿管布线的住房，网线的传输能力约束了家庭网络的升级能力；对于正在装修的住房，装修商和通信商激励错位、权责失衡等问题，以及家庭接受度有待提高等现象，成为 FTTR 组网模式进一步普及的制约。

第二节　千兆光网助力民生福祉提升的路径

前文详细对比了家庭网络 1.0 和家庭网络 2.0 的各类特征，并发现家庭网络 2.0 具有全方位的性能优势。进一步的问题是，家庭生活是否需要千兆的网络性能？家庭网络 1.0 的百兆左右网速能否满足日常生活需求？本节将阐述千兆光网正在推动生活模式变革，在微观层面为家庭带来更便捷、更宜居的生活方式，在宏观层面为部分社会问题提供新的解决方案。

一、远程办公，打造新型工作体验

新冠肺炎疫情发生后，较多国家都采取了"封城"的手段，通过将民众限制在家中，来避免人员大规模集聚、控制病毒传播。这种手段虽然有效地控制了疫情，但也带来了较多问题。从微观层面来看，劳动者不能出门上班，就难以获得收入；学生无法上课，将有学业荒废的风险。从宏观层面来看，民众居家意味着多数岗位员工缺失，城市的部分机能停滞，经济的部分引擎熄火。

而居家办公和网络课堂的兴起，则为"封城"期间的"停工不停产""停课不停学"提供了解决方案。在居家办公和网络课堂的推动下，家庭的经济功能不再局限于消费单元，也逐渐包括生产单元、学习单元。千兆光网提供的各房间高速网络连接，不但支撑了家庭的数字休闲娱乐，也成为推动我国经济持续增长、人力资本稳步提升的重要力量。

在家庭网络 1.0 时代，由于无线路由器常常放置在客厅，且 Wi-Fi 信号在穿墙后信号较弱，因此客厅成为家庭成员娱乐休闲的主要场所。但在视频会议和网络课程中，都有频繁的双向互动，需要在独立的房间中进行，才能保证安静和私密的办公学习环境。在家庭网络 2.0 时代，千兆光网在每个房间内都提供了高速 Wi-Fi 接入，为居家办公和学习提供了保障。

专栏4-1　在线办公教育

自2020年以来，在新冠肺炎疫情的影响下，工业和信息化部发布《关于运用新一代信息技术支撑服务疫情防控和复工复产工作的通知》，推荐企业员工选择远程办公、居家办公、视频会议等在线工作方式。同时，教育部也多次发文，要求学校利用网络平台实施在线教学，实现“停课不停教、停课不停学”。

受远程办公和在线教育的推动，家庭对网络带宽的需求不断上升。在视频会议和网课中，不但要无卡顿地接收对方的高清音像，而且要实时上传自己的音像，从而实现双向互动。这对下行带宽和上行带宽都提出了较高要求，每台设备至少拥有200Mbps的下行宽带和50Mbps的上行带宽才能保障视频质量。当家中多人同时开启视频会议或在线教育时，所需的家庭总带宽将大幅上升。例如，当出现孩子上网课、父母参加视频会议、老人看网络电视的情况时，家庭带宽至少要达到900Mbps。除了带宽之外，家庭办公和教育的兴起也对Wi-Fi信号强度提出了更高的要求。为保证安静的环境，视频会议和网课需要在各自独立的房间内进行，这要求Wi-Fi信号在各房间内都有较好的覆盖。

在家庭网络1.0时代，不但带宽和时延无法满足需求，而且单一热点的Wi-Fi信号在穿墙后迅速衰减，难以满足视频会议和课的需要。在家庭网络 2.0 时代，光网络分布于所有房间，不但能支持千兆带宽，而且分光猫在各房间独立提供 Wi-Fi 热点的模式，使家庭任何位置都有较强的 Wi-Fi 信号覆盖，对居家办公和网络课程提供了有力支撑。

二、远程教育，破解教育资源的非均衡分布

长期以来，受区域之间经济发展差距的影响，我国东西部和城乡之间的教育资源存在较大差异。在部分交通不便的西南山区，这种情况更加严重，大量学校存在规模过小、资金不足、师资力量匮乏等问题，教辅资料稀缺、一个教师要兼上多门课程，导致教学质量不高。这些学校的孩子们即便付出艰苦的努力，也难以取得与发达地区孩子们相似的学习成绩。在微观层面，这些地区孩子们的发展潜力被抑制；在宏观层面，我国人力资本被浪费、教育公平性有待提升。虽然国家付出了大量努力来消除区域间的教育不平衡，但受制于部分地区的地理和交通环境，问题难以得到有效解决。

通信技术的快速发展，使网课、直播课逐渐兴起，偏远地区师资不足的学校可以通过安装直播设备，与国内名校共享教学资源。在网络 1.0 时代，网络课程信号要通过卫星进行传播，不但给偏远地区学校带来了较高的硬件成本，也增加了运维和使用的难度。在网络 2.0 时代，利用光线的远距离传输能力，可将信号传输成本大幅降低，使更多山区孩子享受到优质教育资源，为促进区域教育均衡提供了新思路。

专栏4-2　区域教育均衡

在2018年底红遍全国的新闻报道《这块屏幕可能改变命运》中，讲述了以云南禄劝第一中学为代表的中国贫困地区的248所高中，在缺乏优质生源和充足教育资源的背景下，通过以网络直播的方式旁听成都七中的课程，实现学生学习积极性提升、教师专业能力增强、学校高考录取率大幅上涨的故事。在直播课的带动下，"有的学校出了省状元，有的本科升学率涨了几倍、十几倍"，无数学子的命运得以改变。在禄劝县，"普通班本科上线率大概在45%左右，而网络班的本科上线率达到99.9%，一本上线率达到了60%"。

但成都七中的网络直播课程采用的是卫星通信技术，导致卫星通信设施设备费用和运维服务费居高不下。根据江西省宜春市2018年的公开采购征求意见，宜春实验中学三年直播课程的教学卫星通信设施设备及运维服务的预算金额高达20.5万元。高昂的设备和运维成本，超出了部分偏远地区学校的能力范围。云南禄劝第一中学是靠县政府财政的全力支持，才能支付直播课的费用。对于部分政府缺乏足够财政能力的贫困地区，连直播课都显得遥不可及。高昂的设备费，不但剥夺了大量山区孩子享受优质教育资源的机会，也造成购买直播课的学校教育经费的浪费。

千兆光网技术和配套设施的快速完善，使网络课程的远距离传输成本大大下降。直播课的运营方不再需要购买卫星信号，直播课的上传和接收学校也不再需要安装卫星信号发射器和接收器。同时，智能管理系统也使课程运维的难度大幅下降。在千兆光网的助力下，价格亲民的直播课为进一步推动区域教育均衡提供了新方案。例如，位于四川省东北部、嘉陵江中游的蓬安县是西部欠发达县之一，县里一些农村学校师资力量不足，音乐、美术等课程只能由其他科老师兼带。在蓬安县教育科技和体育局及华为等企业的推动下，2015 年开始全县 80 所乡村学校全都建设了"全光校园网络"的高速宽带联接，实现了 14 个镇、5 个乡和 2 个街道办学校之间"学科资源""教育管理"和"信息宣传"的共享平台，让 70000 多名偏远地区学校师生能够公平地接入优质的教育资源。

资料来源：https：//baijiahao.baidu.com/s？id＝1619722734970570768&wfr＝Spider&for＝pc.

https：//www.sohu.com/a/281972959_120044982.

三、远程护理，助力人口老龄化问题破解

随着人口老龄化逐步来临，不仅老年人总数不断上升，而且独居老年人越来越多，至 2021 年我国独居和"空巢老人"数量超过 1 亿。与有子女陪伴的老人相比，独居老人生活中最大的困难在于，在遭遇一些突发性情况时，难以及时通知到子女，导致原本不严重的情况也可能产生危及生命的影响，例如独居老人意外跌倒。根据世界卫生组织的报告，全球每年超过 30 万人死于跌倒，其中一半是 60 岁以上的

老人。如何呵护独居老人的身体和心理健康，已经成为当前最重要的问题之一。在微观层面，对老年人来说，因一些突发情况无法及时通知到子女而引发严重的后果，将极大降低其晚年生活质量；而对子女来说，如果和老人生活在不同的地方，无法及时满足老人的应急需求，将难以安心的工作生活。在宏观层面，独居老人健康难以得到时时关爱的问题，不仅是我国自 2015 年起陆续出现"逆城市化"现象的成因之一，也构成了提高全民幸福感的重要障碍。

随着智能穿戴设备和社交软件的发展成熟，老年人的身体和心理状态难以及时被监护人知晓的困难得到极大的缓解。智能手表等设备可实时监测老人心率、血糖、血液含氧量、体态等数据，使子女可以实时了解老人的身体健康情况；社交软件的发展可使老年人每天便捷地与子女视频聊天，甚至通过 VR 设备制造子女在身边环绕的氛围感，来缓解老人独居产生的孤独情绪。

专栏 4-3　老人健康检测

实时检测和及时报告老年人的跌倒等突发情况，成为呵护老年人健康的重要手段之一。家庭监控和智能穿戴设备的普及，为实时监测老年人健康提供了保障。

在家庭网络 1.0 时代，老年人健康检测受到较大的约束。一方面，老年人在家中跌倒的多发场所一般是浴室、厕所、卧室等，而这些区域也正是监测的盲区。浴室、厕所和卧室等区域具有高度的隐私敏感性，无法安装视频监控；而且较多家庭的浴室、厕所等房间的无线信号覆盖较差，智能穿戴设备监测到的健康数据难以通过网络传递给监护人。另一方面，由于网络带宽较低、信号不稳定，网络电视等其他设备会挤占监控系统和智能穿戴设备的网速，引发监测数据在传输时发生丢包等问题。

在家庭网络 2.0 时代，光纤直接进入每一个房间，在每个房间内由从光猫提供 Wi-Fi 信号，为家庭的所有角落都覆盖了千兆 Wi-Fi 信号。在家庭网络 2.0 提供的网络环境下，老年人在屋内走动，智能手环等穿戴设备检测到的老人心率、血氧、血压、行走速度等数据可及时传到监护人手机。当智能穿戴设备检测到突发情况时，可迅速告知子女和医院，使老人得到及时救助。同时，老人也可以在卧室、厨房、阳台等任何位置与子女视频对话，分享各房间的情况，保障了双向的充分沟通。

四、远程医疗，充分提升医疗资源配置效率

随着我国居民对医疗健康的重视程度不断上升，高端医疗资源稀缺的问题不断显现。社区医院虽然价格低、距离近、等候时间短，但医疗水平相对偏低；大医院的医疗条件更好，但通勤和排队时间更长。这种背景下，居民形成了"小病小医院、大病大医院"的就医习惯，不但帮助"小病"患者节省了时间，也避免了大医院医疗资源过度用于治"小病"，实现了医疗资源的优化配置。但很多时候，患者在小医院就诊后，需要向更高等级的医院转诊，由此医院之间的信息对接，

就成为了便捷居民就医服务和优化医疗资源配置的关键。

专栏4-4 智慧医疗

在网络1.0时代，当患者从小医院向大医院转诊时，常需要将在小医院拍摄的CT、彩超、患者档案等材料携带至大医院进行进一步诊疗。在一些情况下，甚至需要在大医院重复CT、彩超等检测过程。这种模式下，患者在小医院的诊断信息无法得到充分利用，不但增加了患者的就医成本，更可能延误治疗时间、造成病情恶化。

在网络2.0时代，"智能城市"的发展推动了医院诊疗向智能化迈进，极大地优化了跨院转诊等民生服务过程。一方面，患者信息的记录方式由纸笔转变为电子档案，在同一个医院内，患者病历信息可以科室共享，诊疗效率极大改善；另一方面，"智慧城市"推动了社区、辖区、市级和省级医院之间的患者信息互通，实现了跨院一键转诊，各医院之间共享患者诊疗信息、各医院医生共同远程会诊。

例如，华中科技大学协和深圳医院依托千兆光网完成了全光园区的建设。千兆光网所具备的大带宽、低时延、高稳定、抗干扰、易维护等特征，大幅提高了医院运营和维护的效率，为远程手术等医疗服务奠定了基础，实现了与辖区所属医院及社区健康服务中心之间的信息互通，创造了区域级互联网医院的医疗资源整合新模式。在新的模式下，各医院不但可以直接调取患者的电子信息，还可以利用 X 光片、彩超光片等信息实现器官的 3D 图像建模和多视角查看，极大地提高了诊断的准确性。这种 3D 器官模型的每一帧图像大小都在几兆左右，旋转查看时每秒要完成多帧图片加载，在网络 1.0 时代是不可想象的。

资料来源：调研获得。

综上，千兆光网正在推动家庭生活发生巨大变化，并为部分社会问题提供了新的解决方案。例如，在新冠肺炎疫情的影响下，一个成年人居家办公和一个孩子居家网课，至少需要 500Mbps 的网速才能保证通畅，而且要求各房间都有较强的 Wi-Fi 信号覆盖；在区域教育不均衡的背景下，直播课程虽然可以为山区学校提供优质教育资源，但以往通过卫星进行远距离数据传输的方式具有极高的成本，而千兆光网可实现长距离、低成本数据传输，为更多的孩子提供接受优质教育的机会；在人口老龄化的背景下，独居老人面临身体健康难以得到实时呵护、出现突发情况后难以及时通知监护人等问题，而智能穿戴设备的兴起以及千兆光网提供的全屋覆盖的高速 Wi-Fi 连接，使上述问题得到有效解决；随着人们越发关注身体健康，跨院转诊的需求也不断上升，而千兆光网提供的跨医院医疗信息共享，极大地便捷了患者就诊，节省了时间和金钱成本。

第三节　千兆光网催化新一代家庭应用创新领先

上节介绍了千兆光网如何推动家庭生活品质飞跃、如何使当前的一些社会问题得到缓解。但千兆光网的作用是否仅限于改善现有生活？本节将会阐明，千兆光网也是承接未来生活的关键，不但能够改造未来的家庭生活和城市的物理形态，也能助力用户脱离物质世界，进入虚拟空间。

一、千兆光网与 VR/AR 发展

在几十年前，一家几口挤在电视机前共同收看电视节目，是夜幕降临后千家万户最常见的场景。在当时，一方面是家用电器稀少，多数家庭只拥有一台电视；另一方面是娱乐活动匮乏，电视节目是为数不多的大众娱乐之一。经过几十年的快速发展，当时的情形已经一去不复返。在电子设备方面，很多家庭每个卧室都装有电视，而且 Pad、手机等智能设备几乎人手一台。在娱乐种类方面，影视剧、演唱会、球赛、网游、直播等种类丰富，给消费者提供了充分的选择空间。电子终端普及化、娱乐内容多样化，为消费者满足个性化娱乐需求提供了条件。

专栏4-5　畅享网络资源

随着技术的不断进步，如今的网络游戏不但画面清晰度越来越高，而且交互的实时性也越来越强。在这种发展趋势下，一方面对网络带宽和时延的要求不断上升，例如竞技类游戏的时延要低于100毫秒才能达到足够的流畅性；另一方面对显卡、CPU等硬件性能的要求也不断提升，使得与大型游戏配套的硬件设备越来越贵。如今，配置一套游戏设备的价格少则几千元，高则几万、几十万元，使大量玩家对依赖高端设备的游戏望而却步。

最近，云游戏的方式正在兴起，使玩家摆脱了游戏硬件的约束，可以畅享所有游戏。云游戏是将游戏的存储和运行都放在云端，借助高速Wi-Fi和云计算，使玩家仅需要电视、VR头盔、手柄等终端设备，就可以享受各类游戏体验。虽然云游戏尚未实现普及，但其极大程度地降低了玩家对硬件的依赖，具有极大的发展前景。全球知名游戏组织Newzoo发布的《2020年全球游戏市场报告》指出，到2023年底，云游戏将成为主流娱乐手段之一。

由于云游戏完全依赖云计算和数据传输，因此对家庭网络也提出了更高的要求。根据华为iLab和顺网科技于2019年联合发布的《云游戏白皮书》显示，无论是1080P还是4K清晰度下的云游戏，玩家都需要保证至少100Mbps的使用带宽，以及不超过30~50毫秒的时延。基于FTTR的家庭网络2.0，可将家庭Wi-Fi

网络的使用速率达到千兆，端到端时延控制在 20 毫秒以内，并实现 Wi-Fi 在所有房间的无缝覆盖。

　　在家庭网络 2.0 中，不但所有成员的数字消费需求都能得到顺畅的网络支撑，而且即将普及的云游戏等娱乐方式可以使玩家摆脱硬件成本的约束，畅享全域网络资源，使个性化娱乐需求得到最大程度的满足。

资料来源：根据公开资料整理得。

二、千兆光网与智能家庭

　　智能家庭是什么？一般来说，智能家庭是基于智能家电、物联网和 FTTR 等技术，通过手机等设备对家用电器等进行管理，来打造智能、舒适、高效与安全的家居生活。智能家庭综合运用了物联网、云计算、移动互联网和大数据技术，结合自动控制技术，将家庭设备智能控制、家庭环境感知、家人健康感知、家居安全感知以及信息交流、消费服务等家居生活有效地结合起来，创造出健康、安全、舒适的个性化家居生活。智能家庭的范畴不仅包括常见的空调、冰箱等智能家电，也包括照明系统、监控系统、水电气缴费系统、水暖电开关插座等控制系统，并进一步将与能源、医疗、安防、教育等传统产业融通。

　　智能家庭有哪些作用？城镇化的快速发展带来了便捷的生活，但也让更多人感受到城市生活的隔阂。独居的年轻人每晚下班后回到漆黑房子的孤独感，年轻父母上班时家中幼儿无人看管的困境，都成为现代城市生活的弊端之一。在智能家电蓬勃发展和家庭网络 2.0 的共同推动下，智能家庭正逐步使上述问题得到缓解。通过千兆光网的全 Wi-Fi 覆盖环境，使家中全部电器与手机或者中央处理器连接，通过语音识别等技术，即可实现主人说出指令，智能家庭自动开闭门窗、调整灯光音响，营造"迎宾入户""家庭影院"等氛围，提高居家生活舒适度。

专栏4-6　智能家庭

夏日炎热的晚上，快到家的时候，提前用手机打开家里的照明灯，关闭全屋窗帘，用空调将气温调至适宜，浴缸开始蓄水，音响播放轻音乐，这种令人心怡的场景正在成为现实。五六岁的儿童独自在家时，家长通过监控实时观察孩子的活动范围、远程打开或关闭房间窗户、启动智能做饭装置、监督孩子学习等，大幅减轻了育儿负担。

智能家庭在遥控照明灯、窗帘、空调等电器上，对网络带宽的需求并不高，但对网络的全屋覆盖程度有较高要求：常用的射灯在房间吊顶的各个角落都有分布，而窗帘都位于房间的最边缘地带，因此 Wi-Fi 信号必须覆盖家庭所有角落才能实现所有电器的智能控制。在家庭网络1.0时代，最常见的家庭组网模式为光猫—网线—客厅无线路由器—手机/Pad 等平板终端。这种方式下，客厅有较好的网络覆盖，但厕所、卧室等房间的信号较差，因此边缘房间的电器难以实现智能控制。在家庭网络2.0时代，覆盖所有房间的千兆 Wi-Fi 信号为智能生活提供了更多的可能性。

三、千兆光网与智慧城市建设

以上两小节主要描绘了千兆光网对家庭环境的提升与优化作用，本小节尝试展望千兆光网如何推动智慧城市发展建设。

1. 智慧城市是什么

智慧城市的概念最早源于国际商业机器公司 IBM 提出的"智慧地球"理念，相似的概念还有数字城市等。2008 年，IBM 在美国纽约发布《智慧地球：下一代领导人议程》，认为"智慧地球"的要义是把新一代信息技术充分运用在各行各业之中。2010 年，IBM 进一步提出"智慧城市"愿景，认为城市由六个核心系统组成：人、业务/政务、交通、通讯、水和能源。而"智慧"的理念就是，通过信息技术把传感器装备到供电系统、供水系统、交通系统、建筑物和油气管道等系统的部件中，利用云计算等技术使物联网与互联网相联，实现信息化、工业化与城市化深度融合，让人类能以更加精细和动态的方式管理生产和生活的状态，实现政府、企业在智慧基础设施之上进行科技和业务的创新应用，城市的各个关键系统和参与者进行和谐高效协作，来提升城市管理成效、改善市民生活质量、促进城市可持续发展。

2. 智慧城市的应用场景

提升城市服务能力。利用智慧城市，提升公共服务的智能化水平，提高城市公共资源的利用效率。在教育领域：通过教育资源电子化，降低教育资源的获取门槛，培养居民终身学习习惯，完善城市教育系统。在医疗卫生领域：建立多级卫生服务体系，提高挂号、收费、诊断等医疗服务的数字化程度和智能化水平；升级医院管理体制，建立居民电子健康终身档案；利用城市医疗信息管理平台，促进各医疗卫生单位信息互通。在交通领域：通过交通数字化，优化城市道路规划和交通管理，改善和纾缓道路挤塞，提升出行效率；通过交通智能化，加速推动自动驾驶技术成熟，提升出行便捷性和安全性。

案例 4-1 杭州便民服务

近年来，杭州积极推动新型智慧城市建设，在政务服务、交通出行、医疗健康、公共安全等方面取得了显著成效和进展。为进一步挖掘城市发展潜力，让群众拥有更多获得感、幸福感、安全感，2016 年杭州在全国首创"城市大脑"，并在随后几年推出了"亲清在线""应答 D 小二""街道驾驶舱"等应用业务，推动智慧城市服务走进新阶段。

"亲清在线"：开启了惠企政策精准推动、补贴资金实时到账的先河。新冠肺炎疫情期间，杭州率先建立"亲清在线"新型政商关系数字平台。自平台上线以来，共有 27 万家企业、80.5 万名员工通过平台享受到政府补助资金 77.3 亿元。"'亲清在线'体现出城市大脑最基本的治理理念：诚意、诚信和直达。"中国工程院院士、杭州"城市大脑"总架构师王坚说，这是近年来浙江推行"最多跑一次"改革与"城市大脑"的有机结合，倒逼政府流程再造，让更多部门实现政务数字化协同，引领基层治理变革。在"亲清在线"平台总框架下，杭州将无感智慧审批纳入城市智慧管理体系中，打造"线上行政服务中心"，围绕企业办事全生命周期，上线"工业项目全流程审批""企业五险一金登记"等"一件事"联办事项。

"应答D小二"：政府职能转变，政府部门像淘宝客服一样随时在线。"公司有位应届毕业生去年10月刚参保，为什么申请生活补贴会失败？"杭州某企业通过互动交流板块在线咨询，"应答D小二"在3分钟内响应，随即将问题转派给"业务D小二"线上回复。为推进线上线下服务有机融合、补充配合，杭州市推出了1750余名"亲清D小二"搭档智能客服，为企业提供上线事项和政策"7×24小时"的一对一专属在线服务，累计接受咨询应答8.6万人次，企业好评率达90%以上。

"街道驾驶舱"：数字赋能，服务靠前。杭州在完成各区、县（市）试点镇街"亲清"驾驶舱落地应用的基础上，还根据各地实际需求，定制个性化数据接口开放给基层数字驾驶舱，帮助基层管理者做好分析研判与企业服务，同时指导条线或属地及时开展线下工作，实时追踪任务进度，破解为企业提供服务的"最后一公里"问题，通过数据共享、算法集成，"街道驾驶舱"内可实时监测辖区内企业在"亲清"平台的日常运营情况。

在杭州"城市大脑"的持续优化下，诸多应用场景陆续落地，极大地方便了市民生活。在智慧出行方面，杭州成为国内首个拆除停车杆的城市，"无杆停车"收缴率达92.5%，通过不排队、不抬杆、不扫码，杭州西湖景区69根停车杆全部"下岗"，"先离场后付费"让出场时间由20秒降至不足2秒。在智慧医疗方面，从挂号、检查、化验、配药往返付费，到"先看病后付费""最多付一次""舒心就医"，杭州医院陆续撤除自助机，截至2021年3月已累计服务5973万人。

在智慧排队方面，杭州在酒店推行"30秒入住"，在景区推行"20秒入园"，截至2021年3月已分别覆盖全市613家酒店、服务642万人次，206个景区（场馆）、服务1835万人次，促进游客"多游一小时"。

资料来源：http://www.hangzhou.gov.cn/art/2021/3/24/art_812262_59031715.html.

优化政务办理流程。利用智慧城市，推进政府数字化转型，避免各单位数字设施重复建设，并打破各系统之间"信息孤岛"的状态，降低各部门在新业务、新应用上的对接周期，建设开放、高效、协同的数字政府，优化政务服务。从居民的角度来看，通过日常事项的网上申办，可减少线下跑腿次数；通过城市大脑智能预约时段，可降低窗口等待时间；通过政府部门的业务互通，实现各类业务在手机终端聚合，来避免重复注册账号、反复上传资料；通过交通、金融、公安等机构之间的数据高速交换，简化公交卡、医保卡、银行卡等认证流程，实现一码通行。

案例4-2 北京电子政务

当前，以数字化、网络化、智能化为特征的ICT技术飞速发展，全社会、全行业的数字化转型步伐不断加快。作为数字中国的重要组成部分，以及优化营商环境、推动社会经济高质量发展的重要抓手和引擎，加强数字政府建设、完善数字政府治理体系已成为政府行业发展的主旋律。

电子政务的发展为数字政府建设奠定了坚实基础，越来越多的城市通过提升电子政务服务水平，实现了政府服务效能的提高。2020年，是我国电子政务网全面启动建设应用十五周年，经过近十五年的建设，政务外网已经在全国多个省份实现市、县级覆盖，对促进政务信息资源共享，加强一体化政务服务体系起到了至关重要的作用。

“新基建”的加快推进，正驱动着北京电子政务外网办公业务系统的升级换代，这也对网络的可靠性、安全性、健壮性提出了更高的要求。电子政务建设面临较多技术挑战。首先，政务视频会议、城市监控管理等视频类业务的大量建设，桌面云、窗口实时业务等云上业务的普及，应用体验的持续升级对网络能力提出了更高的要求；其次，现网IPv4地址资源不足，网络IPv6升级改造已成趋势；同时，政务外网承载视频、语音、普通办公、网上办事大厅、移动办公、政府热线等多种业务，网络大，部署的应用多，技术杂，对管理要求高，如何做到简化管理、智能运维成为政务外网的关键挑战；最后，随着搬迁至通州的政府部门越来越多，同时接入政务网的办公人员也越来越多，如何解决用户上网高并发认证成为重中之重，如何实现政府部门服务上“一网通办”、运维上“一网统管”成为政府数字化转型的重要课题。

利用千兆光网，打造高可靠、低时延、高性能网络，可为未来业务提供长期的网络支撑；采用SDN网络大脑对整网进行自动化运维管理，能有效简化运维，节省人力成本；采用高性能宽带接入服务器，支持控制面虚拟化，并发性能高，满足政府人员上网办公同时接入认证的诉求。与此同时，电子政务也呈现显著的正外部性。在政府管理方面，电子政务更有力地促进了政府的业务协同，在提高政府决策能力和管理水平的同时，明显提升政府行政效率和行政效能，通过政务公开拉近政民关系。在城市管理方面，电子政务将使得城市运行服务管理能力明显提高，并进一步提升城市精细化管理水平和应急管理水平。在产业带动方面，电子政务将为网络产业发展营造良好氛围，带动国产网络设备研发和应用的发展，并在今后的网络建设和推广过程中，培养更多信息化人才，提高全民信息能力。在行业服务方面，电子政务将进一步提高各行业的服务水平。

资料来源：https：//e. huawei. com/cn/case-studies/industries/government/2020/beijing-e-government-ex-tranet-upgrade.

提高应急管理水平。公共安全是社会稳定、经济发展和人民幸福的根本。党中央、国务院明确提出到 2035 年建设与现代化国家相适应的安全发展城市。智慧城市将全面升级现有的监控系统，增加智能视觉分析功能；利用"城市大脑"的规划和调控能力，提高反应速度。在智慧城市的助力下，将形成事前完善监测、及时预警，事中快速响应、优化分工，事后妥善管理、避免次生灾害的应急管理体系，来提供全域通联、全时监控、全局指挥的应急管理服务。

案例 4-3　智慧城市应对突发事件

随着极端天气频发、新冠肺炎病毒流行，城市面临着越来越多的各种突发事件考验。但多数城市中，涉及公共安全的数据通常存储在多个分散的部门中，数据整合不足，使得突发公共安全事件时相关部门难以协调工作。同时，很多城市缺乏能够实现全辖域、全灾种、全要素、全链条的指挥机构，来面向整个城市对重、特大突发事件进行统筹指挥。为提高城市对公共突发事件的治理能力，必须提高相关部门和机构之间的数据通信能力和组织协作能力。

智慧城市的发展，为解决上述问题提供了有效工具。智慧城市的数据汇聚、数据分析、数据展现功能，可以为城市突发事件的即时跟踪、指挥调度提供支持。具体来说，以云计算、大数据为数据驱动的基础，以集成通信系统（ICP）、IoT 和视频云为城市感知的支撑，以 AI 赋能的应急管理系统为具体业务的场景，可为城市公共安全管理提供全融合通信联接、全辖域监测感知、全链条数据管理等多种手段和全过程业务赋能。智慧城市利用其数据汇聚与整合能力，耦合通信调度系统和指挥系统，将为突发事件建立指挥阵地和决策中心。

智慧城市在突发事件领域的应用，大力推动了城市公共安全体系和综合应急能力的建设，为各部门的专业应急管理和应急救援提供了通信能力、数据能力和资源能力支撑，推动建立资源共享、条块结合、相互协同和运行有效的城市风险治理和应急管理体系，集约化构建理念更领先、技术更先进和业务更智能的新一代应急平台，为城市全力减少一般事故、遏制较大事故、杜绝重特大事故提供了重要支撑，为保障人民群众的生命财产安全和城市的安全运行提供了重要保障。

资料来源：https：//e.huawei.com/cn/solutions/industries/digital-government/Smart-emergency-response.

3. 智慧城市的建设意义

提高城市宜居性。近几十年，我国城镇化建设取得了举世瞩目的成就。但伴随城市规模持续扩大、人口逐渐增多、功能不断丰富，大城市的运行系统日益复杂，资源短缺、出行拥堵、污染严重、安全隐患上升等问题也逐渐凸显。利用智慧城市的感知、统筹、优化等功能，可以更有效地利用城市交通、医疗、行政、教育等资源，提高城市宜居性，缓解"大城市病"，推动城市可持续发展。

促进经济高质量发展。当前我国经济处于结构转型期，大数据、区块链、云计算、人工智能、新一代信息技术等新兴领域如火如荼。这些新兴技术的日渐成熟，极大地加快了智慧城市的发展步伐，推动智慧城市快速成熟完善。而智慧城市的日渐成型，也为这些新兴技术的进一步发展提供了应用场景和完善生态，并为新兴技术与传统领域（如教育、医疗、交通、能源等领域）的有机结合提供了试验基地。通过新兴技术和智慧城市之间的相互推动，一方面促进我国新兴领域快速发展、抢占新一轮科技革命制高点，另一方面利用新兴产业为我国启动新的增长引擎，推动经济可持续和高质量增长。

4. 智慧城市的技术支撑

在智慧城市建设中，城市数据中心、城市大脑和千兆光网占据核心位置。城市数据中心是智慧城市的"心脏"，不仅是无数数据流的汇聚和存储中心，也是各类数据交流和协调的平台。城市大脑是智慧城市的"神经中枢"，数据中心的海量数据通过城市大脑整合与分析来呈现价值。千兆光网是智慧城市的"血管"，既作为"毛细血管"为千家万户提供网络接入，又作为"主动脉"传输由各家庭、企业、地区汇聚而来的数据流。通过城市数据中心、城市大脑和千兆光网来汇总、整合和调配城市的信息、技术和业务，实时掌握城市运行情况、辅助城市运筹和科学决策、高效联动指挥各项业务，帮助城市管理者提高政府服务水平、驱动精细化城市管理，建设文明和环境美好城市、提升市民的幸福指数，为城市的可持续发展奠定基础。

四、千兆光网与“元宇宙”创新

前文主要描述了千兆光网如何改造家庭和城市环境，营造更舒适的生活。本小节介绍千兆光网如何助力人们脱离物理世界，进入虚拟空间，在“元宇宙”中开启全新生活模式。

1. 元宇宙是什么

“元宇宙”翻译自 Metaverse，由 Meta（超越）和 Verse（宇宙）两个词根构成。这一概念最早由 Neal Stephenson 于 1992 年在小说 *Snow Crash*（《雪崩》）中提出，描绘了现实人类通过 VR 设备进入虚拟世界，与虚拟人共同生活的场景。在维基百科中，“元宇宙”被定义为一个持久化、去中心化的在线三维虚拟环境，用户通过虚拟现实眼镜、增强现实眼镜、手机、个人电脑和电子游戏机接入，可以在其中进行任何体验或活动。耳熟能详的电影《黑客帝国》和《头号玩家》对元宇宙做出了直观的描述。在《黑客帝国》中，机器赢得了与人类之间战争的胜利后，人类的身体被当作机器的能量源，而意识被困在名为 Matrix（矩阵）的虚拟世界里。人们在 Matrix 中工作、社交、生活，完全无法意识到自己被机器奴役的现实。在《头号玩家》里，现实世界被能源危机和气候危机笼罩，人们为了逃避现实，通过 VR 设备进入游戏 Oasis（绿洲）营造的虚拟世界中竞技、交友，并争夺创始人留在游戏中的神秘宝藏。

专栏 4-7　当前"元宇宙"的代表性产品

"元宇宙"并非一个新生事物。早在 2003 年，游戏 Second Life（《第二人生》）就已经具备了完善的世界编辑功能和发达的社会经济系统，并吸引了大批企业和机构在游戏中建立自己的宣发中心，如 BBC、CNN 等报社销售报纸，IBM 设立销售中心，瑞典等国家建立大使馆。

发行于 2006 年的 Roblox（《罗布乐思》）进一步建立了开放的、去中心化的虚拟平台，不但由玩家来创造内容，而且允许玩家从中获利，并可以将游戏货币兑换为现实货币。Roblox 也建立了虚拟世界和现实世界的良好互动，2021 年 5 月 Roblox 举办了 Gucci 的一百周年体验活动，2021 年 9 月美国摇滚乐队 Twenty One Pilots 在 Roblox 上举行了演唱会。

发行于 2017 年的 Fortnite（《堡垒之夜》），以射击游戏为基础吸引玩家，随后拓展出社交、流媒体等功能，以间接的方式逐步打造出超越游戏的虚拟世界，也渐渐具备了"元宇宙"的雏形。2019 年 12 月，电影《星球大战：天行者崛起》在 Fortnite 中播放首映片段；2020 年 4 月，美国歌手 Travis Scott 在 Fortnite 上举办虚拟演唱会，吸引了超过 1200 万名观众观看。

资料来源：根据公开资料整理得。

2. 元宇宙的发展意义

根据上述定义和描述可发现，“元宇宙”是一个丰富、完整的虚拟世界，人们可以在其中开展研发、谈判、签约等工作内容，经历演唱会、球赛、逛街等社交体验，参与射击、竞速、搏击等游戏竞技，几乎可以完成现实世界的任何事情。与传统游戏构建的虚拟世界相比，“元宇宙”中的玩家不再控制角色，而是成为角色，身临其境地体验虚拟生活。由于玩家在虚拟世界中不再受到距离、重力、天气等现实条件的约束，由此可以获得更加多样化的体验。这也为玩家提供了更多的机会来体验各类差异化甚至小众的产品和服务，并从中获得收益和社会价值。基于此，“元宇宙”对经济和社会发展具有重要意义。从微观层面来说，“元宇宙”提供的丰富内容和体验使差异化的爱好和需求更容易找到共鸣，基于各类爱好而发展起来的技能和服务更容易获得认同感和价值感，马斯洛人类需求理论中各层次的需求更有条件被满足。从中观层面来说，随着越来越多的社会活动从线下转到线上、从室外转到室内，家庭的经济功能得到进一步完善，工作中心和学习中心的功能进一步加强，同时人们的居家时间也会大大增强。从宏观层面来说，人们在家中以线上的形式参与工作、社交等各类社会活动，会使通勤需求和交通压力大大缓解，聚集性活动数量下降，城市的功能被重新定义。因此，“元宇宙”被一些极客视为网络发展的最终形态，以及人类社会形态的全新阶段。

3. 元宇宙的发展前景

随着通信、区块链、人工智能等领域的技术和设施不断完善，“元宇宙”在近期再次掀起发展热潮。2021 年 3 月，Roblox 带着“元宇宙第一股"的光环在纽约证券交易所上市，市值迅速翻到十倍以上。2021 年 7 月，Facebook 的创始人兼首席执行官 Mark Zuckerberg 公开希望用五年左右时间将 Facebook 打造为一家元宇宙公司；8 月，Facebook 推出 Horizon Workrooms 虚拟会议服务；10 月 29 日，Facebook 更名为 Meta，并将在未来几年内投资数十亿美元，将社交、游戏、工作、教育等日常生活的方方面面囊括其中。微软在 2021 年 11 月 2 日推出 Mesh for Microsoft Teams，即元宇宙的企业解决方案，允许不同地方的人们实现虚拟会议、发送聊天、协作处理共享文档等办公功能，并计划在未来将 Xbox 游戏也加入元宇宙中。

除了科技企业，一些国家的政府部门也积极在"元宇宙"领域布局。2021 年 5 月 18 日，韩国科学技术信息通信部发起成立了"元宇宙联盟"，包括现代、SK 集团、LG 集团等 200 多家韩国本土企业和组织，目的是打造国家级增强现实平台，并在未来向社会提供公共虚拟服务。2021 年 7 月 13 日，日本经济产业省发布了《关于虚拟空间行业未来可能性与课题的调查报告》，归纳总结了日本虚拟空间行业亟须解决的问题，以期能在全球虚拟空间行业中占据主导地位。

在国内企业方面，腾讯早在 2012 年就收购了 Epic Games 已发行股本 48.4% 的股份，字节跳动在软件方面投资的元宇宙游戏《重启世界》已经上线，硬件方面收购了 VR 创业公司 Pico（《小鸟看看》）。另外，彭博行业研究预计元宇宙市场规模将在 2024 年达到 8000 亿美元，普华永道预计市场规模有望在 2030 年达到 15000 亿美元。

4. 元宇宙的发展约束

虽然"元宇宙"呈现蓬勃的发展势头，但其依赖的底层技术（如区块链、云计算、人工智能等）、终端硬件（如 AR、VR、MR 设备①）、应用场景（如游戏、社交等 C 端和 B 端应用）远未成熟。以VR 为例，当前 VR 设备以 4K 为主，但其高昂的价格、剧烈的眩晕感令消费者望而生畏。根据测试，只有当 VR 达到 16K 时，“纱窗效应”才会接近消失，带来真正的沉浸式体验。同时，作为一切数据交流的通道与桥梁，千兆光网的技术与设施虽然在近几年得到了极大的完善，但其普及程度仍有待提升。只有千家万户都有了千兆的网络接入能力，“元宇宙”的各种应用才会真正拥有成长沃土。

综上，随着数字消费业态的不断丰富，居民消费需求的差异性也不断上升，千兆光网给了每个人利用无线网络资源来满足个性需求的机会，如云游戏等；在千兆光网的助力下，智能家庭即将到来，通过语音即可操控家居实现迎宾、影院等场景，实现提升家庭生活舒适度、降低幼儿看护难度等功能；在智能化的浪潮下，不但家庭环境逐步智能化，城市整体也将向智慧化转型，使公共资源触手可及、政务办理一键即达、线下事项快捷高效；科技进步不但改善了我们的现实生活环境，更将推动我们脱离现实环境，进入“元宇宙”，在虚拟世界中体验真实生活。

以往，多数家庭的内部网络是由网线来承载的。但每代网线都有传输的速度上限，只能满足短期和中期的网速要求，在长期使用时需要不断地更换升级，才能匹配家庭不断上升的网速需求。但家庭装修

① VR，全称 Virtual Reality，又称灵境技术，遮挡真实世界的视听感触，重新塑造基于视觉和听觉的环境信息。主要特点为沉浸度高、交互性强、可对环境完全重构。AR，全称 Augmented Reality，又称增强现实技术，将虚拟信息叠加进真实世界。主要特点为硬件要求低，与真实世界的可比性强。MR，全称 Mixed Reality，混合现实技术，基于真实场景构建虚拟世界，相当于给真实世界中的物品增加虚拟外形，但不改变位置等真实信息，介于 VR 和 AR 之间。

主要采用暗线布线的方式，致使更换网线具有极高的时间和金钱成本。

近两年，家庭的组网模式发生了巨大变革，光纤直达每个房间的模式正逐步兴起。光纤不存在传输的物理上限，且老化速度较慢，因此可以持续支撑家庭网络套餐的升级需求。在 FTTR 的推动下，家庭网络真正有了大带宽、低时延、全覆盖、智运维、易切换、无限升级等特征。

在多重优势的推动下，FTTR 的覆盖率虽稳步上升，但到目前为止，仍未及期待。第一方面的原因是，对于已经装修完成，且采用网线穿管的住房，用光纤更换网线的成本极高，几乎要对住房重新装修。因此，对于装修完成、网线穿管的住房，网线的传输能力上限和暗线布线的家装模式共同抑制了家庭升级网络套餐的意愿。第二方面的原因是，对于正在装修中的住房，如果住户缺乏家庭组网知识，则其决策主要依赖装修商建议。装修商利用网线组网的利润更高，且不负责装修后的家庭网络性能和升级空间，于是更愿意建议网线组网；通信商在装修时尚未提供服务，装修完成后虽然负责维护家庭网络，但难以改变网线穿管的现实。因此，对于正在装修，且住户缺乏网络知识的房屋，装修商和通信商激励错位、权责失衡的情况，抑制了光纤穿管的普及程度。第三方面的原因是，虽然光纤便宜，但 FTTR 组网的配套组件的价格和千兆网络套餐的资费都相对较高，而且当前百兆的网速能够满足日常生活需求，因此不少家庭认为 FTTR "性能虽好，暂无必要"。

梳理 FTTR 的应用场景发现，千兆光网正在推动家庭生活产生质的飞跃，为部分社会问题提供全新的解决方案，帮助幻想中的智能生活走向现实。但这些场景是必选项还是可选项，仍因人而异，难以定论。从经济发展的规律来看，任何新产品普及的过程，都离不开供需两侧的协同推动。在供给侧，质量型技术进步推动产品性能不断提升，数量型技术进步推动产品价格持续下降；在需求侧，越来越丰富和完善的应用，会增加用户对产品的黏性，从适应到习惯，再到依赖，逐步由"附加需求"转向"刚性需求"，进而拓宽产品市场。因此 FTTR 的普及，既要尊重其阶段性和规律性，也要通过供需两侧协同推进，为其开拓发展空间。

第五章 展望：构建千兆光网 政策新体系

切实发挥千兆光网引领新型基础设施建设、助力数字经济强国建设，驱动产业转型升级、改善民生消费体验的最大潜力，确保我国千兆光网技术持续领先和产业生态可持续发展，呼唤内容更加完善、结构更加协调的政策体系。加快网络建设、丰富应用创新、促进市场竞争、建立创新生态是这一协调性政策体系不可或缺的四个维度。通过加快网络建设扩大千兆光网基础设施的规模、提升千兆光网基础设施的质量，进而在高品质普遍服务的千兆光网基础设施之上丰富应用场景、推动品质竞争，从而以多样化应用赋能千行百业加速数字产业化和产业数字化进程，推动形成民生应用场景化、公共管理智能化的社会经济生活空间，是我国加快繁荣千兆光网底座之上的产业生态和社会生态的政策重点。与此同时，通过致力于构建协同更加有力、互动更加顺畅、产出更加高效的全光网络产业创新体系，建立具有核心竞争力的技术产业创新生态，加强核心芯片、网络切片、关键器件、基础软件、高端传感器等薄弱环节的技术突破，加速新兴技术研发并融合应用于各行业和各领域，确保产业创新为产业生态、社会生态发展提供源源不绝的内生动力，是我国促进千兆光网长期可持续发展的必经路径。图 5-1 显示了促进千兆光网发展的政策体系。

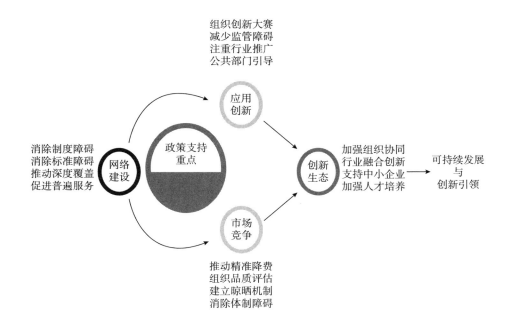

图 5-1 促进千兆光网发展的政策体系

第一节 加快千兆光网建设升级，提供高品质普遍服务

2021 年《政府工作报告》中提出，"加大 5G 网络和千兆光网建设力度，丰富应用场景"。2021 年 4 月 7 日的国务院常务会议要求，开

展千兆光网升级和入户改造，推动城市基本具备固定和移动"千兆到户"能力，今年实现千兆光网覆盖家庭超过 2 亿户，到 2023 年底，千兆光纤网络具备覆盖 4 亿户家庭的能力，千兆宽带用户突破 3000 万户。

加速铺设千兆光网，扩大千兆光网覆盖范围、聚焦覆盖深度和夯实终端体验，是支撑千兆光网为我国数字经济发展提供新动能、释放新机遇的根本基础。支持千兆光网建设向普遍联接方向快速发展，消除制约千兆光网深度覆盖的制度障碍和标准障碍，加快推广 FTTR 室内方案和 OTN 全光网络部署，打造千兆光网接入末端的最佳体验，是促进千兆光网建设升级、实现高品质普遍服务的必要政策。

第一，加大千兆光网建设支持力度，鼓励支持运营商继续加大千兆光网建设投资力度，鼓励地方政府积极推进千兆光纤城市和千兆光纤园区建设。自 2017 年以来，我国三大运营商重视固网业务发展、持续加大光纤投资，整体收入结构中固定宽带业务的比重从 28.10% 增至 34.50%（见图 5-2），已经围绕光纤固网构建起持续增长的商业正循环体系。然而，受到 5G 大规模投资、市场竞争激烈、传统数据业务盈利空间收缩等多重因素的复合影响，运营商在维持和加大千兆光网建设投资上面临着资金压力。建议调整运营商考核指标体系，将千兆固网等网络基础设施建设投资单独列支，支持运营商按照《"双千兆"网络协同发展行动计划（2021—2023 年）》提出的发展目标，持续加力千兆光网建设，在未来三年基本建成全面覆盖城市地区和有条件乡镇的"双千兆"网络基础设施，实现固定和移动网络普遍具备"千兆到户"能力。支持地方政府协同运营商建设千兆光纤城市和全光智慧城市，着力推进城市"双千兆"网络基础设施能力提升，推动千兆光网对城市重点区域和重点场所的覆盖，促进全光接入网进一步向用户端延伸，寻求全光网络赋能城市转型和治理。支持建设千兆光纤园区和全光智慧园区，将光纤网络基础设施作为特色园区考核指标，推动园区重构光纤下沉、多业务承载、无源长距离的局域网，推动园区向智能化、物联化方向发展。

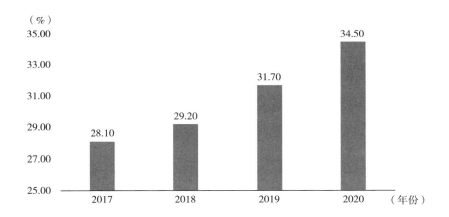

图5-2　2017~2020年固网业务占运营商整体收入比重

资料来源：根据工业和信息化部公开数据整理绘制。

专栏5-1　工业和信息化部印发《"双千兆"网络协同发展行动计划（2021—2023年）》

2021年3月，工业和信息化部印发《"双千兆"网络协同发展行动计划（2021—2023年）》（以下简称《计划》），结合网络发展和产业现状制定了 2021 年阶段目标和 2023 年目标，提出了六个专项行动和 19 个具体任务，分别从网络建设、承载增强、行业赋能、产业筑基、体验提升、安全保障六个方面，着力推动 5G 和千兆光网的"双千兆"协同发展。《计划》明确提出实施"千兆城市建设行动"，首次确定了千兆城市评价指标，主要从城市 5G 和千兆光网的网络供给能力、用户发展状况和应用创新水平等方面进行评价。具体地，在衡量城市"双千兆"网络能力方面，《计划》提出了千兆光网覆盖率、10G-PON 端口占比、重点场所 5G 网络通达率、每万人拥有 5G 基站数四项量化指标，其中 2 项与千兆光网的城市覆盖率和覆盖质量直接相关。预计到 2021 年底，将建成 20 个以上千兆城市；到 2023 年底，建成 100 个以上千兆城市，城市家庭千兆光网覆盖率超过 80%。

资料来源：工业和信息化部官方网站。

　　第二，消除制约千兆光网深度覆盖的制度障碍和标准障碍，增强千兆光网建设和相关设施建设的跨部门协同，前瞻性布局千兆光网和相关设施的标准融合。在 2013 年启动的"宽带中国"战略指导下，我国实施了以"光进铜退"为特征的第一次"光改"，光纤到户（FTTH）渗透率已经超过 90%。千兆光网的深度覆盖无异于第二次"光改"，将百兆光网升级为千兆光网，涉及光纤到房间（FTTR）等部署方式的变化，但目前在铺设上还面临着市政、住建等领域特定标准和特定规范的限制。例如，住房和城乡建设部 2019 年批准《宽带光纤接入工程技术标准》为国家标准，但迄今为止并没有出台 FTTR 光纤布线国家标准与细则，打通光纤预埋进入房间的"最后一米"还存在施工障碍。建议加强工信、住建、市政等部门协同水平，统筹部署千兆全光接入网和全光传送网，进一步提升千兆光网"末梢"进小区、进楼宇、进家庭、进房间的覆盖深度。为了避免出现千兆光网向特定设施扩展受限，甚至是各地设施难以统一标准对接的不利局面，应在千兆光网建设过程中实现面向连接的融合建设，提前规划、前瞻布局千兆光网以及相关设施的建设和融合标准，并注意为未来的网络应用扩张预留充足的接口和空间。建议政府主导建设在线平台，作为统一、推广网络设施和相关设施对接标准及相关信息的单一权威来源，整合并公开千兆光网等新型基础设施建设的各领域标准与信息。

专栏 5-2　家庭光网络布线标准亟待制定实施

2021 年 4 月，住房和城乡建设部等 16 部委联合发布《住房和城乡建设部等部门关于加快发展数字家庭提高居住品质的指导意见》，提出到 2025 年底，新建全装修住宅和社区配套设施，全面具备通信连接能力，鼓励开展光纤到房间、光纤到桌面建设，着力提升住宅户内网络质量。

2021 年 5 月，上海发布了全国首个《上海市住宅和商务楼宇 FTTR 光网络布线白皮书》，宣布上海市临港新片区将作为全国首批 FTTR 布线标准试点区域。白皮书将为 FTTR 布线提供详细指导细则，上海市通信管理局也将联合住房和城乡建设管理委员会、运营商等正式启动 FTTR 布线标准的落地实施，为住宅和商务楼宇室内的第五代 FTTR 光网络布线规范和施工要求提供行业标准。

资料来源：作者整理。

第三，引导运营商提升千兆光网的使用体验，通过 FTTR 建设和高品质组网服务改善千兆光网速率体验，通过建设基于 OTN 技术的下一代高品质专线网络满足政企云化转型需求。用户体验决定了千兆光网的市场收益，是提高千兆光网投资回报的核心。2019 年 12 月，欧洲电信标准化协会（ETSI）成立 F5G 行业规范工作组，将确定性高品质体验作为 F5G 的三大特征之一。目前，国内三大运营商的市场竞争已经从人口红利向体验红利转型，从卖带宽向卖体验转型。建议鼓励运营商加快推进 10G-PON 网络部署，提供接入侧 10G-PON 全面升级覆盖，实现全光 OTN 网络和 OLT 的握手对接，加快推进 200G/400G 传输骨干网部署，加快推动灵活全光交叉，提升终端用户的真千兆速率感知。加快研究制定 FTTR 的房屋建设和布线标准，坚持"标准先行，增量优先"的原则，积极推动新建住宅提前预留光纤端口，为低成本推动 FTTR 实施创造条件。引导家庭用户实施网络改造，鼓励运营商推广 FTTR、FTTD 室内方案和高品质家庭组网服务，帮助家庭用户充分体验 8K 超高清、云游戏、云 VR 等新兴业务，发展智慧家庭和新互联经济。鼓励运营商部署 OTN 下沉，将 OTN 光节点密度定义为 OTN 网络评价指标；提高大容量数据中心高速互联的能力，推动 SRv6、VXLAN 和 SDN 等新技术的应用。鼓励运营商建设高品质 OTN

专网和上云专线，重点优化网络时延、高可靠性、超大带宽等差异化特性，推动云网融合，支撑政企云网业务高质量发展。

专栏5-3　三大运营商积极打造高品质体验千兆光网

中国联通通过政企精品网助力头部企业品质入云，计划2021年在150个城市实现100%汇聚覆盖，面向企业提供超低时延、一条直达、确定性服务等级协议（SLA）的"云光一体"的品质服务。上海联通已打造了首个千兆全光商企专线，保障了企业Wi-Fi千兆速率全覆盖，给企业带来极致体验；北京联通以极致安全、灵活、可靠的云网为疫情大数据分析平台成功保驾护航。

中国电信坚持以客户场景驱动千兆光网部署，通过全屋Wi-Fi、引入FTTR，以及可视、可管、可维的智能运维体系，家庭网关智能化、融合SDN等技术，推动千兆网络演进，全面创新家庭网络。并在此基础上，通过云边网端一体化能力平台，构建普通上网通道、IPTV专网通道、云网超宽带能力通道、IPTV直播点播、VR/AR、云游戏、超高清等多维度的能力体系，推动用户体验转变。

中国移动将千兆智能光网作为"数智云网"基石，推动自身能力从带宽的"千兆"连接能力向"带宽+体验"的"千兆"服务能力转变。"千兆"服务能力包含三个特征：一是端到端千兆，即从用户、终端、网关到网络具备端到端的千兆能力；二是智能化千兆，即能通过感知业务、网络构建智能化服务，并引入 AI 赋能智能运维；三是极致化千兆，即低时延、高可靠的极致服务体验。

资料来源：作者整理。

第二节　丰富千兆光网应用场景，
激发需求侧牵引动力

2021 年 3 月，工业和信息化部印发《"双千兆"网络协同发展行动计划（2021—2023 年）》，提出"为千行百业实现数字化转型筑牢根基，推动产业创新场景落地，实现全产业链技术突破与繁荣发展"。

协同规划千兆光网基础设施和应用场景，发挥应用需求对千兆光网建设速度和服务质量的牵引作用，是千兆光网和下游应用之间形成良性互动格局的关键机制。持续举办千兆光网业务创新应用大赛，减少应用创新落地的监管障碍，加快应用场景从个人端向企业端、政府端延伸，注重垂直行业应用创新规模化推广，运用千兆光网强化公共部门能力，是打造全场景、多业务千兆光网的有效政策。

第一，持续组织开展千兆光网业务创新应用大赛，将其作为鼓励探索千兆光网垂直产业应用创新的重要抓手。目前，千兆光网的应用场景不够丰富，良性商业循环还没有完全建立，未能充分发挥网络能力、展现网络价值。在基础设施建设初具规模后，"建用并举"应当成为未来一段时间内千兆光网的发展主题，面向全社会的应用大赛则是促进"建用并举"的有力举措。迄今为止，"绽放杯"5G应用征集大赛已举办四届，对探索垂直产业应用创新产生了积极影响；首届"光华杯"千兆光网应用创新大赛也已于2021年9月启动，业界反响良好。建议加快经验推广，持续举办千兆光网应用创新大赛，发挥千兆光网覆盖优势，一方面推动基础电信企业、通信设备企业、行业应用企业、互联网企业等协同创新，鼓励千兆光网产业链和行业应用开发商协同推进技术研究、方案探索和场景落地；另一方面形成互补性技术应用创新相互竞争的良性机制，激发下游应用创新动力，孵化应用升级，形成应用标杆。力争"光华杯"千兆光网应用创新大赛与"绽放杯"5G应用征集大赛形成"双赛竞争，协同探索"的市场机制，推进"双千兆"网络商业模式创新孵化。

专栏5-4 "光华杯"千兆光网应用创新大赛

2021年9月28日，由中国信息通信研究院与上海市经济和信息化委员会、上海市通信管理局联合主办的首届"光华杯"千兆光网应用创新大赛正式启动。本次大赛设置四个专题赛道："3"产业应用领域（包括新型信息消费、行业融合应用、社会民生服务）和"1"技术创新领域（IPv6+技术创新应用）。通过举办"光华杯"千兆光网应用创新大赛，将集中全行业智慧，调动全社会力量，推动涌现出一批业务模式创新、前景良好、具有鲜明示范意义的业务应用。对于大赛中涌现出的优秀应用模式和场景，举办方将通过应用案例集、试点示范、标杆工程等多种方式进行宣传，使得创新案例、技术和思想能够更快推向国内外市场。

资料来源：《首届"光华杯"千兆光网应用创新大赛正式启动》，通信产业网，2021-09-30，https://www.ccidcom.com/xinwenku/20210930/15LuQqkL9N4bRH41b18nvwcninns8.html。

第二，通过放松监管、推动整合、加强数字内容知识产权保护等政策途径，尽快形成千兆光网个人用户端应用生态。当前我国数字经济促进政策整体停留于对硬件研发和生产的补贴，对数字内容发展和软件平台建设的支持力度不足。以与千兆光网发展息息相关的云 VR 为例，经过过去一轮的竞争和洗牌，我国 VR 设备企业的研发能力和生产能力已经大大提升，市场结构趋于成熟，阿里巴巴、腾讯、华为等龙头企业的云服务能力也日渐成熟，然而能够提供与硬件装备匹配、形成触发 VR 市场消费爆点的数字内容产品却严重缺乏，成为制约我国云 VR 产业发展的短板。整体而言，我国数字内容产业起步较晚，企业规模、产品品牌、国际市场影响力落后于欧美日韩等国，且数字内容产业政策的持续性、针对性、及时性还存在不足。建议加强数字内容产业的市场环境建设，重点加大对数字内容的知识产权保护力度，规范数字内容市场竞争秩序。建议借鉴英国的政策经验，改革数字内容产业监管职能重复交叉、政出多门的问题，建立统一协调的数字内容产业监管体系，实施统一监管、统一扶持。建议转变数字内容产业发展理念，强化对内容开发和软件研发的支持力度，推动数字内容供应商、电信运营商、互联网平台企业等主体的整合重组，提升数字内容生产企业参与国际市场竞争的能力，加快培育 8K 高清电视、VR 直播等短期应用前景较大的千兆光网个人应用。

专栏 5-5　发达国家保护数字内容开发版权与收益的最新举措

澳大利亚：2021 年 2 月 25 日，澳大利亚通过《新闻媒体和数字平台强制议价法案》，要求科技巨头谷歌和脸书为本地新闻媒体原创内容付费，成为全球首个以议价法案保护新闻媒体原创内容的国家。该法案最初由澳大利亚财政部于 2020 年 12 月提出，谷歌和脸书很快以实际行动做出反击。谷歌威胁，如果议价法案成为法律，谷歌将停止为澳大利亚提供搜索服务。脸书则更直接采取行动，阻止澳大利亚用户分享新闻报道。澳大利亚用户对此表示强烈不满，谷歌和脸书也逐渐开始意识到用户流失风险，并针对议价法案提出三个修改意见：首先，公司必须是自愿签订议价协议；其次，被要求为新闻付费的公司将提前一个月得到通知，并在此期间与出版商达成交易；最后，该法案仅适用于有意提供新闻内容的平台。随后，谷歌和脸书表示同意议价法案。

法国：欧盟《数字化单一市场版权指令》早就针对文本和数据挖掘作出规定，要求新闻聚合平台在收录新闻或文章标题、摘要时向出版商支付"链接税"。尽管"链接税"的出台备受争议，法国仍将其贯彻到底，在 2019 年 10 月其就成为第一个将欧盟《数字化单一市场版权指令》列入法规的欧洲国家，首次提出"链接税"的要求。2020 年 6 月 10 日，法国高级文学艺术财产委员会发起了"文本和数据挖掘"任务，计划在法国引入欧盟《数字化单一市场版权指令》中关于文本和数据挖掘的规定。为促进学术资源共享与知识产权保护的平衡，法国计划将《数字化单一市场版权指令》中第 3 条提及的"学术例外"引入本国法律，即授权研究组织和文化遗产机构进行复制和提取，以科学研究为目的的文本和数据挖掘行为具有合法的使用权限，不构成侵犯知识产权行为。

资料来源：作者整理。

第三，加强千兆光网企业端应用的示范推广，加快千兆光网业务创新从个人端向企业端、政府端延伸并实现规模化应用。千兆光网与垂直行业深度融合，应用探索渐成热点，对实体经济数字化、网络化、智能化转型升级的贡献越来越突出。在企业应用方面，千兆光网支持企业高质量专线、企业上云、全光园区等应用，支撑交通、电力、油气等国家支柱产业数字化转型。在工业应用方面，基于千兆光纤网络的工业光网支持工业互联网能力提升，在复杂的工厂环境下实现高带宽、抗电磁干扰的稳定绿色节能网络，打通各环节信息通道，推动工业生产数字化。目前，千兆光网在工业、交通、医疗、教育、能源、文旅等重点领域的创新应用已经初见成效，但创新成果的规模化推广问题仍然存在。建议在国家层面研究制定"双千兆融合应用创新规模化推广方案"，以自愿申报和知识产权保护为前提，由各省向国务院上报垂直行业运用双千兆网络实现数字化转型的解决方案案例，由工业和信息化部组织评审具有商业化推广、复制潜力的案例，在后续产业化和技术开发上给予资金支持，并向全国推广，牵引各省市形成双千兆 B 端应用创新竞争性探索的态势，助力广大企业特别是中小企业加速数字化转型。

专栏 5-6　武汉计划建设全国首个 F5G 行业应用示范城市

2021 年 4 月在武汉市经济和信息化局的支持下，中国信息通信研究院和华为发布了《武汉市 F5G 发展白皮书》，提出武汉市 F5G 发展的"1168"战略，即设立 1 个独立运营的 F5G 联创中心；打造 1 个世界级平台——武汉光博会；孵化 6 大重点行业应用；汇聚 8 类合作伙伴。"1168"战略提出半年内，武汉 F5G 行业应用取得了显著成果。武汉光博会在政府支持下启动了战略转型，未来将成为 F5G 产业的旗舰级盛会。华为在武汉已孵化覆盖政府、制造、商业地产、交通、教育、医疗六大重点行业，落实超过 100 个 F5G 行业应用项目。在 2021 年 10 月 27 日举办的第十八届"中国光谷"国际光电子博览会暨论坛上，华为提出在全国范围内助力建设 8 个 F5G 行业应用示范城市；武汉凭借相对雄厚的 F5G 行业应用基础，计划成为全国首个 F5G 行业应用示范城市。

资料来源：华为官方网站；中国信息通信研究院和华为联合发布《武汉市 F5G 发展白皮书》。

第四，习近平总书记在浦东开发开放 30 周年庆祝大会上的讲话中指出："要提高城市治理水平，推动治理手段、治理模式、治理理念创新，加快建设智慧城市，率先构建经济治理、社会治理、城市治理统筹推进和有机衔接的治理体系。"将千兆光网作为完善国家治理体系和治理能力现代化的重要技术手段，加大公共部门应用需求对繁荣千兆光网应用生态的拉动作用。远程医疗、在线教育、云办公等新兴业态在应对突发公共事件方面具有巨大的潜力，但由于网络基础设施、技术成熟度以及应用管理经验的限制，在此次新冠肺炎疫情期间，这些新业态的巨大需求还没有催生出成熟的、具有市场竞争力的商业模式和领军企业。作为完善国家治理体系和治理能力现代化的重要内容，未来应该以远程医疗、在线教育等民生相关领域为重点，加快探索利用千兆光网等技术应对突发事件的模式和管理机制。积极探索医疗、教育专属千兆光网建设的模式和方案，建立突发公共事件下重点机构、重点业务的网络保障机制。加快农村地区和偏远地区的医疗设施和教育设施向千兆光网升级，奠定农村地区远程医疗和在线教育发展的基础，着力实现数字技术支撑型的公共服务能力提升和公共服务均等化。

第三节　引导构建品质竞争市场，
转变运营商经营模式

引导千兆光网竞争焦点从价格向品质转变，推动运营商经营模式从卖带宽向卖体验转型，是促进千兆光网市场长期健康发展的重要保障。推动提速降费从普惠降费转向精准降费，在普遍意义上建立提速提质、优质优价的电信服务思路，建立有助于消费者选择差异化品质服务的网络质量评估和晾晒机制，消除运营商多元业务创新和商业模式创新的体制障碍，是推动千兆光网市场竞争模式从价格竞争向体验竞争、品质竞争转型的有效政策。

第一，做好提速降费 2.0 阶段工作，实现网络降费工作重心由"普惠降费"向"精准降费"转变，推动形成提速提质、优质优价的电信服务思路，在更大程度上释放降费工作政策红利的同时引导市场竞争向差异化竞争转型。重点面向中小企业互联网专线、集中连片贫困地区、少数民族聚居区等弱势群体以及国家"双创"示范城市、粤港澳大湾区、雄安新区等国家战略先行区降低千兆光网等网络资费，充分挖掘政策潜力和效力。借鉴国际经验，综合考虑我国民生需求和网络供给能力，研究确定固定宽带普遍服务的最低流量保障与资费价格，使得固定宽带普遍服务更具精准性；在此基础上研究确定我国千兆光网普遍服务的品质标准，弱化基于带宽的传统销售方式，减少运营商同质化竞争，满足各类用户的差异化需求。

专栏5-7 2021年提速降费将从"普惠降费"转向"精准降费"

在2021年8月19日举办的国务院政策例行吹风会上，工业和信息化部人士表示，自2015年网络提速降费实施以来，五年来，固定宽带单位带宽和移动网络单位流量平均资费降幅超过了95%。企业宽带和专线单位带宽平均资费降幅超过了70%，各项降费举措年均惠及用户逾10亿人次，累计让利超过7000亿元。2021年，网络提速降费工作的重点方向将从网络"覆盖普及"向"提速提质"转变，从"普惠降费"向"精准降费"转变。此外，工业和信息化部将加快民营企业进入宽带接入市场的商用化进程，支持民营企业参与网络提速降费。目前，在增值电信业务领域10项业务已经全部向民间资本开放，在基础电信运营领域重点推进宽带接入网业务和移动通信转售业务试点。截至目前，试点范围已经扩展到28个省超过200个城市，累计批复超过200家次的试点民营企业，民营宽带用户数近700万户，民间资本在宽带领域累计投资超过百亿元。下一步，工业和信息化部将加快民营企业进入宽带接入市场的商用化进程，激发市场活力，通过引入竞争促进资费下降。

资料来源：《工业和信息化部：今年提速降费将从"普惠降费"转向"精准降费"》，《经济参考报》，2021年4月20日。

第二，减少消费者在选择千兆光网产品时面临的信息不对称，建立有助于消费者选择差异化品质服务的网络质量评估和晾晒机制，加快民营企业进入宽带接入市场的商用化进程，促进运营商之间的网络提质竞争。千兆光网具有超高带宽、超低时延、先进可靠、绿色节能等特点，其性能取决于各类指标的综合绩效，并不限于传统的宽带速率指标；但我国消费者除自身体验外，缺少客观评价不同运营商千兆光网服务质量的可信数据作为购买产品的参考标准。相比之下，海外市场消费者如果对网速产生怀疑，可以做第三方网速测试进行评比。欧洲的 P3 测试已经得到运营商的普遍认可，欧洲运营商的网络扩容在很大程度上也是 P3 测试结果驱动的。P3 测试的评比和排名促进了运营商之间的品质竞争，消费者权益才能得到更好的保障。建议尽快研究制定千兆光网质量评价指标，培育发展独立的第三方网络质量评价机构，完善网络质量评价体系和网络质量指标的定期强制晾晒机制，以公开可靠的网络质量数据促进运营商切实开展基于真实网络品质的差异化竞争。同时，在基础电信运营领域重点推进民营企业进入宽带接入商用市场，进一步激发市场活力，促进运营商之间从同质化竞争转向差异化品质竞争。

　　专栏5-8　缺少第三方网速监督机构造成用户误解与不满

　　2019 年 6 月，我国 5G 正式商用之后，感觉 4G 网速变慢的用户舆论不断发酵。不少网友认为运营商为推广 5G 网络，对 4G 网络进行限速，才导致 4G 网络变慢；运营商则否认对 4G 网络下载速率进行了人为改动，相反，4G 网络仍在持续优化。双方各执一词，运营商解释难以平息用户不满。直到 2020 年初，工业和信息化部指出，国内个别区域、某些时段可能存在 4G 网速下降的情况，但国内 4G 网速整体保持稳定，出现 4G 网速下降的主要原因是 4G 用户流量增长和网络支撑能力提升不完全匹配，即由于 4G 用户流量需求增长太快，现有 4G 网络不足以在短时间内支撑起迅速增长的用户需求。对于用户的降速疑问，工业和信息化部表示后续将进一步加强基础电信企业的监督与指导，组织第三方检测机构持续开展全国网速检测，并在对学校、医院、地铁线路和高铁站等重点区域 4G 网络质量检测发布的基础上，开展更大范围的 4G 网络质量检测。

资料来源：《工业和信息化部答网民关于"4G 网络速率下降"的留言》，中国政府网，2019-12-31，https://www.gov.cn/hudong/2019-12/31/content-5465475.htm。

第三，消除运营商开展多元业务创新和商业模式创新的体制障碍，推动运营商由单一承载网供应商向"承载网+综合业务网"创新主体转变。目前，国有企业的某些规定约束了我国三大运营商运用千兆光网、开展业务创新和商业模式创新的速度和能力。例如，运营商地方公司提供新增值服务时，发现必需硬件不属于传统的运营商设备，不在集采目录之内，因此不得不花费大量时间向上级公司申请采购，等待数月后才可能获得硬件。而且，由于集采依据"价低者得"的原则，上级公司采购的硬件有可能并不满足运营商地方公司的业务需要，这不仅拖延了业务发展进度，而且造成了多种法律风险和资源浪费。建议放松对运营商二级公司层面采购、运营等方面的限制，激发运营商业务创新和商业模式创新活力，特别是鼓励运营商进入垂直应用领域，加快千兆光网与云、数据、应用的业务整合。

专栏5-9 业务创新推动韩国运营商LG U+市场份额快速提升

4G时代，韩国三家运营商SKT、KT、LG U+的市场份额大致为50%、30%、20%。5G商用之后，LG U+市场份额得以提升，目前稳定在24%左右。这得益于LG U+的策略，在VR/AR业务方面率先布局。

LG U+首先投资全球领先的VR内容制作技术公司Venta VR。该公司在5G商用首月就制作了100多部VR内容并独家上映。LG U+又建立了亚洲首个专门制作AR内容的工作室，通过实现AR模拟真人偶像，独家提供韩国多位偶像歌手的内容。LG U+最初的VR片源数在600部左右，两年后增至4000多部。

目前，韩国约40%的5G用户正在使用VR/AR服务，"吃"掉了35%的5G流量，VR/AR由此奠定5G"流量杀手"的地位。虽然另外两家韩国运营商也在布局VR，但都没有LG U+"快、准、狠"。韩国三家运营商的5G套餐都是从55000韩元（约合人民币315元）起步，但比较最低档的套餐内容，LG U+最能吸引5G用户尝鲜。

资料来源：作者整理。

第四节　夯实全光网络创新体系，
涵养高韧性创新生态

构建更加高效的产业创新体系，涵养富有韧性的产业创新生态，是全光网络底座及由其赋能提效的各类上层服务实现可持续发展的必要前提。加强全光网络关键技术和共性技术创新的组织协同，支持全光网络及其应用创新主体共筑个体特色鲜明、整体融通发展的创新格局，提升全光网络全产业链创新人才培养质量，是完善全光网络产业创新体系和创新生态的有效政策。

第一，加大全光网络关键技术创新的组织协同力度，将全光网络纳入国家科技重大专项的支持范围，建立产学研协同的技术攻关推进体系。固移协同、优势互补是我国最大限度发挥千兆光网和5G网络差异化技术和性能优势、加快构建"双千兆"新型网络基础设施底座的战略原则。要落实此项战略，需要同步推进"双千兆"网络关键核心技术攻关、改善产业共性技术供给水平。2006年确立的"新一代宽带无线移动通信网"国家科技重大专项和2013年成立的IMT-2020（5G）推进组对我国在国际开放竞争环境下实现移动通信网络技术的追赶与领先具有不可或缺的组织协同作用。可借鉴移动通信网络协同创新的成功经验，将全光网络纳入新一轮国家科技重大专项，同时建立覆盖技术、标准、研发、应用等多个创新阶段，以及覆盖高速PON芯片、高速光模块、高性能器件等产业链薄弱环节的协同创新组织机制，推进产学研协同的技术攻关与扩散。

专栏 5-10　IMT-2020（5G）推进组

　　IMT-2020（5G）推进组于 2013 年 2 月由工业和信息化部、国家发展和改革委员会与科学技术部联合推动成立，涵盖国内移动通信领域产学研用主要力量，是推动国内 5G 技术研究及国际交流合作的主要平台。中国 5G 技术研发试验依托国家科技重大专项，由 IMT-2020（5G）推进组负责。

　　IMT-2020（5G）推进组下设专家组和 11 个工作组，覆盖 5G 开发应用的方方面面：①专家组：负责制定推进组的整体战略和研究计划。②频谱工作组：研究 5G 频谱相关问题。③标准工作组：推动 ITU、3GPP 等国际标准化组织的相关工作。④网络技术工作组：研究 5G 网络架构及关键技术。⑤5G 与 AI 融合研究任务组：开展 5G 与 AI 深度融合的相关需求、理论和技术研究，推进 5G 与 AI 融合国际标准化及产业化进程。⑥5G 试验工作组：推进 5G 试验相关工作。⑦无线移动通信测试技术工作组：前瞻性开展相关测试技术研究，推动测试仪表和测试系统开发，满足主设备、芯片、终端等企业研发测试需要；为运营企业网络建设和设备产品测试提供共性的测试技术支撑，为仪器仪表、实验室规范化测试结果提供技术指导。⑧5G 承载工作组：研究 5G 承载关键技及方案，开展测试验证，协同推进承载产业发展。⑨安全工作组：5G 安全工作组研究 5G 安全关键技术，推进 5G 设备安全评测。⑩C-V2X 工作组：研究 V2X 关键技术，开展试验验证，进行产业与应用推广。⑪5G 应用工作组：研究 5G 与垂直行业融合的需求及解决方案，开展试验与应用示范，进行产业应用与推广。⑫知识产权工作组：研究 5G 相关知识产权问题。

资料来源：作者整理。

第二，强化对全光网络深入行业、与行业融合发展的制度支持，破解中小企业服务创新面临的知识产权制度障碍，形成中小企业创新活跃、大型企业与中小企业融通发展的创新生态。面对千兆光网赋能千行百业的创新需求，电信运营商、设备供应商、大型互联网企业、平台企业积极入场，但难以深入掌握各个细分行业的特色创新需求；来自垂直行业或具有垂直行业经验的创业企业将成为细分行业融合千兆光网、形成特色解决方案的重要创新主体。然而，当前我国对软件服务和网络知识产权保护还不够有力，与大型企业相比，中小企业和创业企业开展千兆光网行业融合创新面临着更高的受侵害或被模仿风险。打造中小企业友好的知识产权保护制度，大量培育具有行业特色、基于全光网络的"专精特新"型解决方案创新创业企业，推动大型企业、平台企业和创新创业企业之间形成互补合作而不是模仿投资的良好创新生态。

第三，加强全光网络全产业链创新人才队伍建设，继续提高光纤通信相关学科及交叉学科的发展规划和建设质量，培育覆盖原材料、装备、软件、设计、制造、仪表全产业链的人才队伍，提升全民应用全光网络的数字素养。我国在光传输设备的研发能力和生产能力上处于国际领先水平，但在 ASIC 芯片、系统设备设计仿真工具、SMT 主要生产设备、高端元器件、测试仪表等方面还存在明显短板。要在这些短板上实现研发和制造突破，应在积极引进适用人才的同时，从源头的学科教育和技能培训入手，逐步解决人才匮乏与培养质量问题，有计划地抓实抓好包括基础研究人才、工程研发人才、尖端工艺人才、高端技能人才等在内的梯度人才培养。同步加强面向全民的全光网络科普工作，提高公务员对全光网络的科学认识和决策水平，壮大拥有更高水平数字技能的劳动力群体，提升全社会在向全光网络迁移时的适应能力和应用能力。

参考文献

［1］柏培文，张云．数字经济、人口红利下降与中低技能劳动者权益［J］．经济研究，2021，56（5）：91-108.

［2］曹淼．"宽带中国"战略实施效果评估［J］．中国信息界，2020（3）：67-70.

［3］陈金桥．数字化时代：信息通信业的新增长浪潮［J］．北京邮电大学学报（社会科学版），2013，15（6）：52-54，60.

［4］国家发展和改革委员会．《中华人民共和国国民经济和社会发展第十四个五年规划和2035年远景目标纲要》辅导读本［M］．北京：人民出版社，2021.

［5］刘飞．数字化转型如何提升制造业生产率——基于数字化转型的三重影响机制［J］．财经科学，2020（10）：93-107.

［6］叶菁．我国千兆光网发展领先优势明显"无人区"探索面临多重挑战［N］．通信信息报，2021-06-09（004）.

［7］Ackerberg D A，Caves K，Frazer G. Identification Properties of Recent Production Function Estimators［J］. Econometrica，2015，83（6）：2411-2451.

［8］Bukht R, Heeks R. Defining, Conceptualising and Measuring the Digital Economy ［R］. University of Manchester, Development Informatics Working Paper, No. 68, 2017.

［9］Levinsohn J, Petrin A. Estimating Production Functions Using Inputs to Control for Unobservables ［J］. Review of Economic Studies, 2003, 70 (2): 317-341.

［10］Olley G S, Pakes A. The Dynamics of Productivity in the Telecommunications Equipment Industry ［J］. Econometrica, 1996, 64 (6): 1263-1297.

［11］Wooldridge J M. On Estimating Firm-level Production Functions Using Proxy Variables to Control for Unobservables ［J］. Economics Letters, 2009, 104 (3): 112-114.

附　　录

一、我国千兆光网发展对经济效率的
贡献评估模型

1. 经济效率的计算方法

利用 OP 法、LP 法、ACF 法等方法计算样本期间省级 TFP，以 TFP 为被解释变量，同样使用双重差分方法，考察千兆光网投资对经济效率的影响。

考虑如下 C-D 函数：

$$y_{it} = \alpha + w_{it}\beta + x_{it}\gamma + \omega_{it} + \varepsilon_{it} \tag{1}$$

其中，y_{it} 是产出的自然对数，w_{it} 是一系列自由变量的对数值，x_{it} 是状态变量的对数值，ω_{it} 是观测不到的生产率，ε_{it} 是误差项。

假设 OP 法和 LP 法的生产率都符合一阶马尔可夫过程：

$$\omega_{it} = E(\omega_{it} \mid \Omega_{it-1}) + \xi_{it}$$

$$= E(\omega_{it} \mid \omega_{it-1}) + \xi_{it}$$

$$= g(\omega_{it-1}) + \xi_{it} \tag{2}$$

其中，Ω_{it-1} 是决策信息集合，ξ_{it} 是生产率冲击，与生产率和状态变量均无关。

（1）OP 法。

Olley 和 Pakes（1996）提出了两步一致的估计法，其核心思想是把公司的投资水平作为生产率的代理变量。该方法假定企业根据当前企业生产率状况，据此做出投资决策，因此用企业的当期投资作为不可观测生产率冲击的代理变量，从而解决了同时性偏差问题[①]。

一般来说，状态变量通常是资本，而自由变量通常为劳动。OP 法需要满足投资与生产率之间单调递增。

构建如下投资函数：

$$i_{it} = f(x_{it},\ w_{it}) \tag{3}$$

其反函数为：

$$w_{it} = f^{-1}(i_{it},\ x_{it}) = h(i_{it},\ x_{it}) \tag{4}$$

原生产函数变为：

$$y_{it} = \alpha + w_{it}\beta + x_{it}\gamma + h(i_{it},\ x_{it}) + \varepsilon_{it}$$

$$= \alpha + w_{it}\beta + \Phi_{it}(i_{it},\ x_{it}) + \varepsilon_{it} \tag{5}$$

其中，

$$\Phi_{it}(i_{it},\ x_{it}) = x_{it}\gamma + h(i_{it},\ x_{it}) = x_{it}\gamma + \omega_{it} \tag{6}$$

由式（5）和式（2）可得：

---

① Olley G S, Pakes A. The Dynamics of Productivity in the Telecommunications Equipment Industry [J]. Econometrica, 1996, 64（6）：1263-1297.

$$y_{it}-w_{it}\widehat{\beta}=\alpha_0+x_{it}\gamma+\omega_{it}+\varepsilon_{it}$$
$$=\alpha_0+x_{it}\gamma+E(\omega_{it}|\omega_{it-1})+\xi_{it}+\varepsilon_{it}$$
$$=\alpha_0+x_{it}\gamma+g(\omega_{it-1})+e_{it} \quad\quad\quad (7)$$

其中，$e_{it}=\xi_{it}+\varepsilon_{it}\widehat{\omega_{it}}=\widehat{\Phi}_{it}-x_{it}\gamma$，得到：

$$y_{it}-w_{it}\widehat{\beta}=\alpha_0+x_{it}\gamma+g\ (\widehat{\Phi}_{it-1}-x_{it-1}\gamma)\ +e_{it} \quad\quad (8)$$

假设函数 g（·）满足随机游走过程，则有：

$$y_{it}-w_{it}\widehat{\beta}=\alpha_0+\ (x_{it}-x_{it-1})\ \gamma+\widehat{\Phi}_{it-1}+e_{it} \quad\quad (9)$$

$$e_{it}=y_{it}-w_{it}\widehat{\beta}-\alpha_0-x_{it}\gamma^*-g\ (\widehat{\Phi}_{it-1}-x_{it-1}\gamma^*)\quad\quad (10)$$

一旦式（8）被估计完成，那么生产函数中所有系数都已被估计。利用这一结果，可以拟合生产函数中残差的对数值，这也就是全要素生产率的对数值。

（2）LP 法。

OP 法需要满足投资与生产率之间单调递增，这就意味着那些投资为 0 的样本并不能被估计，实际上，由于并非每一个企业每一年都有正的投资。LP 法对 OP 法进行改进，不再使用投资额作为代理变量，而是用中间品投入指标进行代替。这使得 LP 法能够根据可获得数据的灵活性选择代理变量。

（3）ACF 法。

OP 法和 LP 法都假设企业面对生产率冲击能够对投入进行无成本的及时调整。Ackerberg、Caves 和 Frazer（2015）认为劳动作为自由变量的系数只有在自由变量和代理变量相互独立的情况下才能得到一致估计。否则，第一步的估计系数之间存在严重的贡献性，针对这一问题，提出了 Ackerberg-Caves-Frazer 修正[1]。

（4）WRDG 法。

Wooldridge（2009）对 OP 法和 LP 法进行了改进，提出了基于 GMM 的一步估计法，这一方法不仅克服了 ACF 法提出的在第一步估计中潜在的识别问题，而且在考虑序列相关和异方差的情况下，能够得到稳健标准误[2]。

2. 我国千兆光网发展对经济效率的影响

（1）模型设定。

为了深入分析千兆光网发展对经济效率的现实影响，本书构建以全要素生产率为被解释变量、千兆光网发展为核心解释变量，同时包括重要控制变量的实证模型，即：

$$\ln TFP_{it} = \alpha + \beta_1 \ln user_{it} + \gamma \ln X_{it} + \theta_i + \delta_t + \varepsilon_{it} \tag{11}$$

其中，i 和 t 分别代表省份和年份；θ_i 和 δ_t 分别代表不可观测的个体和时间固定效应，ε_{it} 代表随机误差项；TFP 表示经济效率；$user$ 表示千兆光网用户数；X 是控制变量；α 是常数项；γ 是各解释变量和控制变量的系数。为避免异方差和时间趋势因素对模型的影响，均对变量进行对数处理。

（2）变量描述与数据说明。

被解释变量——经济效率（全要素生产率 TFP）

① Ackerberg D A, Caves K, Frazer G. Identification Properties of Recent Production Function Estimators [J]. Econometrica, 2015, 83 (6)：2411-2451.

② Wooldridge J M. On Estimating Firm-level Production Functions Using Proxy Variables to Control for Unobservables [J]. Economics Letters, 2009, 104 (3)：112-114.

本书利用 OP 法、LP 法、ACF 法等方法计算样本期间省级全要素生产率。Olley 和 Pakes（1996）首次提出两步估计法（OP 法）对全要素生产率进行估计以克服内生性问题，以投资水平作为生产率的代理变量①，这一方法得到了 Levinsohn、Petrin（2003）及 Ackerberg、Caves 和 Frazer（2015）的完善。LP 法的核心思想是不用投资额作为代理变量，而是用中间品投入指标作为代替，这使得研究者可以根据数据的可得性灵活选择代理变量②。由于 OP 法和 LP 法都假设企业面对生产率冲击能够对投入进行无成本的即时调整，但是劳动（自由变量）的系数只有在自由变量和代理变量相互独立的情况下才能得到一致估计，否则第一步的估计系数就会存在严重的共线性，因此，ACF 法针对这一问题给予了修正③。Wooldridge（2009）则提出了 GMM 一步估计法，该方法有两个特点：第一，克服了 ACF 提出的在第一步估计中潜在的识别问题；第二，在考虑序列相关和异方差的情况下，能够得到标准误差④。

基于以上分析，本书根据 2017～2020 年《中国统计年鉴》，各省份统计年鉴以及国家统计局官方网站的原始数据，采用 OP 法、LP 法、ACF 法以及 WRDG 法等方法计算省级全要素生产率。表 1 中显示了不同计算方法的描述性统计分析结果。

---

① Olley G S, Pakes A. The Dynamics of Productivity in the Telecommunications Equipment Industry [J]. Econometrica, 1996, 64 (6): 1263-1297.

② Levinsohn J, Petrin A. Estimating Production Functions Using Inputs to Control for Unobservables [J]. Review of Economic Studies, 2003, 70 (2): 317-341.

③ Ackerberg D A, Caves K, Frazer G. Identification Properties of Recent Production Function Estimators [J]. Econometrica, 2015, 83 (6): 2411-2451.

④ Wooldridge J M. On Estimating Firm-level Production Functions Using Proxy Variables to Control for Unobservables [J]. Economics Letters, 2009, 104 (3): 112-114.

表1　变量的描述性统计分析

变量名称	观测值	均值	标准差	最小值	最大值
TFP_ OP	60	1.1670	0.1959	0.7851	1.4918
TFP_ OPACF	60	0.5962	0.1883	0.2527	0.9335
TFP_ LP	60	1.2051	0.1976	0.8242	1.5299
TFP_ LPACF	60	0.3734	0.1859	0.0348	0.7198
TFP_ WRDG	60	2.1607	0.2264	1.7394	2.5362

（3）实证结果

根据上述模型公式（11），采用固定效应模型进行实证分析，基准回归结果如表2所示。表2的第（1）～（5）列显示被解释变量分别是以OP、OPACF、LP、LPACF、WRDG法测算的全要素生产率的实证结果，研究发现千兆光网用户数的回归系数均在1%的显著性水平下为正，即千兆光网的发展能够在一定程度上促进全要素生产率的发展，千兆光网用户数每增加1%，能推动全要素生产率增加约0.01%。将控制变量纳入实证分析，结果如表3所示，千兆光网的发展依旧能够在1%的显著性水平上促进全要素生产率的发展，1%的千兆光网增长率能带动全要素生产率提升约0.01%；千兆光网平方项系数不显著，表明现阶段千兆光网对全要素生产率不存在非线性影响；控制变量系数不显著。

表2　千兆光网对全要素生产率的基准回归结果

变量	（1）	（2）	（3）	（4）	（5）
	TFP_ OP	TFP_ OPACF	TFP_ LP	TFP_ LPACF	TFP_ WRDG
千兆光网	0.0133 ***	0.0106 ***	0.0133 ***	0.0101 ***	0.0156 ***
	（0.0035）	（0.0032）	（0.0034）	（0.0033）	（0.0034）

续表

变量	（1）	（2）	（3）	（4）	（5）
	TFP_ OP	TFP_ OPACF	TFP_ LP	TFP_ LPACF	TFP_ WRDG
常数项	1. 1543***	0. 5837***	1. 1931***	0. 3598***	2. 1521***
	（0. 0051）	（0. 0048）	（0. 0050）	（0. 0048）	（0. 0050）
观测值	56	56	56	56	56
R-squared	0. 373	0. 300	0. 377	0. 275	0. 455

注：括号内的数值为标准误；***、**和*分别代表通过1%、5%和10%显著性水平的检验。

表3　千兆光网对全要素生产率的实证结果

变量	（1）	（2）	（3）	（4）	（5）
	TFP_ OP	TFP_ OPACF	TFP_ LP	TFP_ LPACF	TFP_ WRDG
千兆光网	0. 0118**	0. 0095**	0. 0118**	0. 0091*	0. 0136***
	（0. 0048）	（0. 0046）	（0. 0048）	（0. 0046）	（0. 0047）
研发人员数量	−0. 1341	−0. 1196	−0. 1310	−0. 1209	−0. 1371
	（0. 0982）	（0. 0928）	（0. 0972）	（0. 0937）	（0. 0963）
研发投入	0. 0043	0. 0063	0. 0043	0. 0068	0. 0025
	（0. 0287）	（0. 0271）	（0. 0284）	（0. 0273）	（0. 0281）
外商直接投资	−0. 0098	−0. 0076	−0. 0091	−0. 0081	−0. 0096
	（0. 0491）	（0. 0464）	（0. 0486）	（0. 0468）	（0. 0481）
技术流动性	−0. 0196	−0. 0193	−0. 0193	−0. 0196	−0. 0185
	（0. 0223）	（0. 0211）	（0. 0221）	（0. 0213）	（0. 0219）
财政支出	0. 0925	0. 0764	0. 0902	0. 0758	0. 1025
	（0. 0799）	（0. 0755）	（0. 0791）	（0. 0762）	（0. 0784）
常数项	−0. 4453	−0. 8047	−0. 3671	−1. 0375	0. 4784
	（1. 0933）	（1. 0325）	（1. 0813）	（1. 0427）	（1. 0722）
观测值	56	56	56	56	56
R-squared	0. 476	0. 407	0. 478	0. 385	0. 551

注：括号内的数值为标准误；***、**和*分别代表通过1%、5%和10%显著性水平的检验。

二、我国千兆光网发展对经济增长的 贡献评估模型

1. 模型设定

为了深入分析千兆光网发展对经济增长的影响，本书构建以国内生产总值为被解释变量、千兆光网发展为核心解释变量，同时包括重要控制变量的实证模型，即：

$$\ln GDP_{it} = \alpha + \beta_1 \ln user_{it} + \gamma \ln X_{it} + \theta_i + \delta_t + \varepsilon_{it} \tag{12}$$

其中，i 和 t 分别代表省份和年份；θ_i 和 δ_t 分别代表不可观测的个体和时间固定效应，ε_{it} 代表随机误差项；GDP 表示经济增长；$user$ 表示千兆光网用户数；X 是控制变量；α 是常数项，γ 是各解释变量和控制变量的系数。为避免异方差和时间趋势因素对模型的影响，均对变量进行对数处理。

2. 变量描述与数据说明

被解释变量——国内生产总值（GDP）：本书利用各省的 GDP 平减指数对省级 GDP 按 2000 年不变价进行平减处理，描述性统计分析见正文中的表 2-3。

3. 实证结果

根据上述模型公式（12），本书采用固定效应模型进行实证分析。实证结果如表 4 所示。表 4 的第（1）列和第（2）列分别显示无论是否添加控制变量的实证结果，研究发现千兆光网的发展能够在 1% 的显著性水平上推动经济增长，千兆光网用户数每增加 1%，能带动 GDP 增加 0.01%。除此之外，研发投入与财政支出也均能在 1% 的显著性水平上对经济增长产生正向促进效应。

表 4　千兆光网发展对经济增长的回归结果

变量	（1）	（2）
千兆光网	0.0102 *** （0.0020）	0.0088 *** （0.0027）
研发人员数量	—	−0.0824 （0.0552）
研发投入	—	−0.0053 （0.0161）
外商直接投资	—	0.0050 （0.0276）
技术流动性	—	−0.0135 （0.0125）
财政支出	—	0.0542 （0.0450）
常数项	10.1632 *** （0.0030）	9.2107 *** （0.6148）
观测值	56	56
R-squared	0.500	0.621

注：括号内的数值为标准误；*** 、** 和 * 分别代表通过 1%、5% 和 10% 显著性水平的检验。